U0520609

滚烫河影,你是人间理想

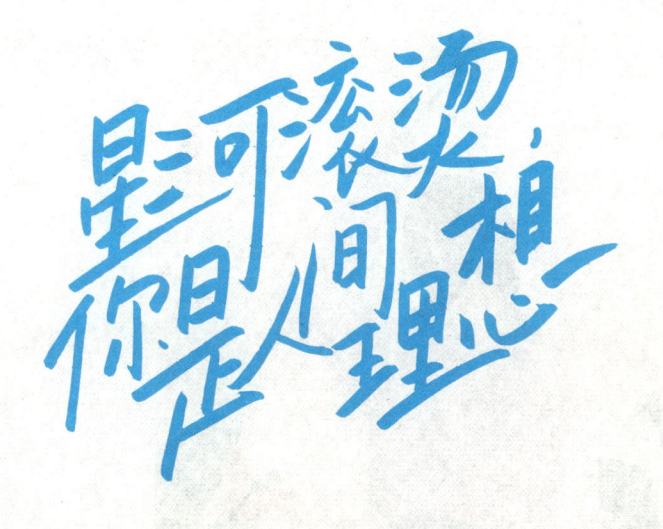

然雪婵 著

新世界出版社
NEW WORLD PRESS

人和人的不同，

就体现在每个岔路口的选择。

没人能保证自己的选择都是对的，

但敢于做出和别人不一样的选择，

正是你人生独特意义的体现。

不要花自己的时间，
去跟随别人的节奏。
我们允许自己 30 岁还在摸索人生方向，
也允许自己 80 岁还在挑战自我。

人生的意义不在输赢，

而在体验。

人生的真正价值，

正藏在每一次虽败犹荣

却充满收获的体验中。

对成功的定义不该单一化，
而应该更智慧、更多元。
这一世，
能身心健康、家庭幸福、做喜欢的事，
同样是一种难能可贵的成功。

做事情用力过猛，

往往适得其反，

难以走远。

真正高明的做事之道，

是静水流深，

自然而然地展现真实的自我，

自由自在地活出本来的样子。

你所热爱的，
　就是你的生活。
找到你所热爱的，
　把日子过成诗歌。

流水不争先,

争的是滔滔不绝。

人生如同跑步,

你的目标是终点,

就不必焦虑出发时有人比你速度快。

很多时候，

怨怼和焦虑源于比较。

我们常常会因他人的幸福和成就而迷失自我，

放弃了自己原本的方向和节奏。

"妈妈"这个身份,

像社会职位一样,

只是自我的一部分。

放下焦虑,尊重孩子的生长节奏,

活在当下,好好爱自己,

我们不仅不会失去自我,

还会获得另一种自我成长和实现。

人生中总有一些时间是用来虚度的，
做一些看似无用的事，
在自己的可控范围内，
缓一缓奔跑的节奏，
换一种方式生活，
哪怕只能享受片刻的欢愉。

推荐序

做自己人生最好的记录者

文 / 韦娜

雪婵——一个成长中的女孩,想对世界说什么、想记录什么、想到达怎样的远方,都在她认真的文字里一一体现……

我写作二十年,与雪婵相识多年,虽从未谋面,但对于她,内心总有亲切与熟识的感觉在蔓延——可能因为我们经常一起讨论文学、写作,讨论爱与被爱,可以随时交谈,也可以随时停下来,仿佛与她也是现实中的好友。

得闻她的新书即将上市,邀约我为她写序,真的为她感到开心。读者能够读到温暖且有灵气的文字,是缘分,也是良机;作者可以持续不断地有新作品上市,是幸福,也是幸运。

期待她可以成为自己想成为的模样,发光且温柔,走在她想走的路上——这是人生最大的幸福。没有输赢,只有创造之舞;无问对错,只留下为期待努力的时光。

我们的生活中有那么多难忘的瞬间，有那么多随时幻灭又重生的期待与希望，但只有用心的人在记录、在思考，也顺理成章地收获了美好与纯真。

雪婵的一颗七窍玲珑心，让这种记录覆盖并渗透每个闪闪发光的小日常，造就了她的这本书，可爱又温暖，蕴含无限力量。

我们认真地爱着这个世界，爱着生命绽放的瞬间，满怀憧憬地期待未来，但怎样活在当下，既活出真我风采，又不被内心的苛求与外在的束缚所累，需要探索，唯有自己才能找到答案。

我们应该做自己的那座山。若遇到自己喜欢的事，就全心全意地做下去吧。要相信，时间是最慷慨的赠予者，经历是最大的收获。

不必焦虑，不必急着要结果，但求尽可能地发光，去好奇，去拥抱，去相信，去等待。人生缓缓，自有答案。

这就是这本书想要告诉你的事。

成长的路上，有的时候需要把自己的心一片一片揉碎，有的时候需要让自己的眼睛看向更远的地方，有的时候需要停一停再继续走，才可以收获更多的精彩与惊喜。

只要愿意发光，就能持续温暖自己与他人。

愿你也能在阅读这本书时收获宁静与勇气，无惧世俗，坚守热爱，认真对待当下，直至未来明朗。

让我们各自散发出光芒，成为自己人生最出色的记录者与最真挚的表达者，在探索的路上，遥遥相望，互相鼓励。

目录

Part 1 与其互为人间,不如自成宇宙

忠于自己,才能度过极好的一生 　　3
从自卑到自信,一个女孩到底经历了什么? 　　11
成为更好的自己之前,请先找到自己 　　19
真正的自洽,是允许一切发生 　　27
30 岁以后,我终于学会了爱自己 　　34
所谓自我管理,很大意义上是欲望管理 　　42
女生的独立,不只是"有一间自己的房" 　　50

Part 2 星河滚烫,你是人间理想

你一定要奔赴在自己的热爱里 　　59
真可惜你年纪轻轻,却总想着走捷径 　　66
认真生活,做自己人生的输出者 　　73
你最该有的野心,是拥有随时离开的能力 　　80
不必焦虑,人生总是在转弯 　　87
当所有流过的眼泪,都变成钻石 　　94

Part 3　愿有一人，懂你悲欢，知你冷暖

"不将就"，就能找到优质伴侣吗？	105
让双方感情长久的，从来不只是爱情	112
当婚姻出现问题，离婚是唯一的涅槃重生路吗？	119
别让"不配得感"毁掉你的幸福	128
请提防那个把你"宠上天"的男人	135
和你在一起，我很快乐	142
婚姻好不好，生一场病就知道了	149
不出轨就是婚姻的免死金牌吗？	155

Part 4　你身上有光，我抓来看看

余生不长，要和滋养你的人在一起	165
懂得沉淀，年龄就是你的勋章	172
与其被照亮，不如去发光	179
精减你的人生节目单	186
我想要这世上有束光，只为我而来	192
请记得，你很珍贵	198
卷不赢，躺不平，还可以怎样活？	205

Part 5 做自己人生的 CEO

想遇见贵人，请先成为自己的贵人	215
比你优秀的人，有这四个习惯	221
写作：救赎我的那道光	228
没能当上 CEO，那又怎样？	234
全职做自己，兼职做妈妈	241
"30+"姐姐赚钱的正确态度	247

Part 6 过自己想要的生活，做自己想做的事

20 岁很好，没想到 30 岁会这么好	257
做天后、当新娘，都可以是理想	263
别等，没有那么多来日方长	270
那些离开北上广深的人，后悔了吗？	276
为什么一些好朋友突然就消失了？	283
松弛感，就是慢下来"虚度"光阴	290
这条长长的路，我们慢慢走	297

Part 1

与其互为人间,
不如自成宇宙

Part 3

当真相成为大问，
不知自己宇宙

忠于自己，
才能度过极好的一生

> 我们应该有属于自己的生活方式和热爱的事业。
> 在这份长长的清单上，唯一的关键词便是"自己"。
> 我们应该如何活着，有很多种答案，
> 但最重要也最酷的一条就是，忠于自己。

01

许久不联系的前同事林秋给我发微信说："我最近半年总是觉得很迷茫，想找你聊聊。"

某天下午，我们约在了一家窗明几净的咖啡馆。这里的音乐舒缓悦耳，偶尔还有几只小奶猫出没，我们选了一个靠窗的位置。

她整个人处于紧绷状态，一坐下来就开始滔滔不绝地倾诉："公司近两年频繁裁员和降薪，效益越来越差，之前承诺的奖金缩水了一大半。我是人事部负责人，但人手不够时，老板一有事情就叫我做，几乎所有岗位的事情我都做过。这些工作很琐碎，没有什么发展空间，我不知道自己每天在干什么。最近我越来越感到煎熬，怕哪一天就失业了，但又不知道该怎么办。"

"没想过换一个工作？你有其他想做的事情吗？"我随口问道。

"其实我也偷偷面试过多家公司，但一直是高不成低不就。最近我朋友叫我和她合伙去开烘焙店。这个想法我其实很早之前就有了，当初因为兴趣，我业余学过几年。我做的糕点和饼干味道还不错，孩子和大人们都特别喜欢，小区也总有人来找我买。"她边说边打开她提过来的盒子，"这个是今天上午做好的提拉米苏，带来给你尝尝。"

盒子里是一小块很精致的蛋糕，卖相绝对不输蛋糕店的。我尝了一小口，甜度适中，美味可口，令人唇齿留香。

"但是上班毕竟收入稳定啊，又有社保。贸然辞职，总归是有风险的。我到底该怎么选择呢？"她继续说。

她的情况我知道一些，家里有两个孩子，再加上四个老人，压力比较大，她四十多岁的年纪，没有大厂和名企的工作经验，又是从文秘转行做的人事，自身没有不可替代的专业技能，职场转型的确不太容易。

我虽理解她的困境，但作为外人，也不好直接说让她做什么选择，毕竟这是她的人生。

于是我打算就这个话题换一个方向，我们聊起了昔日跳水女皇郭晶晶。

02

2024年，郭晶晶有了一个新的身份——巴黎奥运会跳水项目裁判长。这是她人生角色的又一次晋升。

从"跳水女皇"到奥运会跳水项目裁判长，她一直以来都知道自己想要的是什么，清晰而执着地坚持着。

她从7岁开始练习跳水，15岁初征奥运，但连续两届奥运会都无缘金牌。

那时候舆论都唱衰她，但她始终忠于自己的内心，不管外界如何评论，她继续带着一身伤痛坚持练习。

23岁，她终于斩获第一枚奥运金牌。

后来，她嫁给了霍启刚，媒体纷纷猜测她从此会过着养尊处优的生活。然而，她再次选择忠于自己的内心，去英国读书，学习英语，考跳水裁判员证。她永远按照自己喜欢的生活方式来，尽管生活条件优越，但她带娃亲自上手，出门自己拎包，从不带保姆或助理，日常也绝不会穿着高跟鞋、礼服大阵仗地出门，而是喜欢戴几块钱的头绳，身上几乎看不到品牌logo（标识）。

她从不受外界舆论影响，只忠于自我，坚持做自己认为对的事。她选择了一条更难走的路，却也是更正确的路。正如她所说："对于我来讲，我就是做好自己该做的事情。""重要的是做好自己，做想要的自己，在不稳定的命运中，找寻最稳定的自己。"

人一旦忠于自己的内心，便不会被外界的声音干扰，也不会困于一时的得失，也就找到了自己稳定的内核。

每个人的生命都是一场独特的体验，不应该被不相关的人、事、物主导。

当你忠于自己做出选择，你就开始了一场独特的旅程。这个旅程不是为了满足别人的期望，而是为了实现你内心真正的渴望。

这个旅程并不容易，它需要你勇敢地面对恐惧、不确定性和挑战。

但是，它可以带来无与伦比的个人成长和内心满足感，因为你在为自己而活。

而人生最大的痛苦，莫过于无法顺应自己的本心，背离了自己的初衷，迎合他人的期待和要求。

听到这里，林秋若有所思地呢喃道："忠于自己。不适合自己的，就勇敢放下。"

后来，我们又聊了一阵儿。分别时，我明显感到她变得轻松了一些。

我知道，她的心里或许有了答案。

03

我曾读过《临终前最后悔的五件事》这本书。它记录了人们临终前最后悔的五件事，其中排在首位的是："我希望当初有勇气过自己真正想要的生活，而不是按别人的期待去生活。"

你不妨问问自己：

从小到大，有多少决定是按照自己的真实意愿做出的？

是否曾经为了取悦他人而违背自己内心的声音？

是否做着自己真正想做的事情，还是痛苦地做着在大众眼中光鲜亮丽的工作？

我早年间旅行时认识了一对夫妻朋友，他们是我朋友圈中很特别的一对儿，丈夫是室内设计师，妻子是独立摄影师。

妻子生过一场重病，丢了半条命。痊愈后她说："余生，我只想追随自己的心，不留遗憾地去活。"

他们如今三十多岁，还没有买房，也不着急赚钱，总是赚够日常生活所需就停下来，把大量时间花在旅行、享受生活和自我探索上。

他们经常变换住所，到全国各地旅居。每到一处新的地方，男主人公都会将居所设计得温馨而舒适，充满艺术气息。他们的生活看似随性，却饱含色彩与温度。

看过女孩拍的一些照片和视频，有梅子黄时的雨，有绿江南岸的春风，有皓婉皎月旁的光晕，有烟波浩渺的大漠星河，有美不胜收的山峦河川，也有不曾见过的风物人情。

在平常人眼中，他们当然算不得成功人士，人到中年还在租房，花销也需精打细算。

但我看到了他们内心自由和丰盛的力量。在他们的身上，我总是感受到巨大的平静、松弛、自由和热情。对待生活他们从不敷衍，他们的精神世界足够丰盈，外界物质于他们只是锦上添花。

尤其难得的是，他们非常坦然地表达自己对"玩命赚大钱"的无感甚至抗拒，鲜少受世俗价值观影响，始终忠于自己的心性，随性地生活。

无意间看到男主人公发的一条朋友圈动态："妻坐在阳台上看海边落日。妻说：'这就是我想要的美。'我看着镜头里的她说：'这也是我想要的美。'不知不觉中，我们活成了想要的样子，无所畏惧、丰富、安宁、自然。"

配图是夕阳西下，橘黄色的温柔笼罩在一名面朝大海的女子曼妙的背影上，幸福感满满。

看到这些，我突然心生感动。

我们应该如何活着，有很多种答案，但最重要也最酷的一条就是，忠于自己。

忠于自己的人，似乎更容易获得幸福和快乐。

忠于自己未必有结果，坚持努力也不一定能换来成功，但有一天回望过往时，我们是欣慰欢喜，还是满心遗憾，取决于我们曾经做出的每一个选择是否忠于自己。

如杨绛先生所说："我们曾如此渴望命运的波澜，到最后才发现：人生最曼妙的风景，竟是内心的淡定与从容。我们曾如此期盼外界的认可，到最后才知道：世界是自己的，与他人毫无关系。"

04

当你追随内心时，你不会因为别人的看法而怀疑自己，也不会因为迎合他人而牺牲自己的梦想。你会以一种更加真实和自信的方式与世界互动，找到自己存在的意义和价值，活出真正的自我。

那么如何做到这一点？

乔布斯给出了最好的回答。他在斯坦福大学的一次著名演讲中提到："你的时间有限，所以不要为别人而活，不要被教条所限，不要活在别人的观念里，不要让别人的意见左右自己内心的声音。勇敢地去追随你的心和直觉。只有自己的心和直觉，才知道你的真实想法，其他都是次要的。"

要忠于内心，而不是听从头脑。

因为头脑里充斥着个人意识和各个层面的集体意识的内容，我们依据头脑做决策是在权衡利弊之后，并不纯粹。

面对只此一次的人生，我们最应该保有的觉知是：没有什么可以保证我的选择一定能实现，所以，我选择对自己诚实。不管结果如何，我起码是忠于自己的。

诗人顾城说："一个彻底诚实的人是从不面对选择的，那条路永远会清楚无二地呈现在你面前。"

我们应该有属于自己的生活方式和热爱的事业。在这份长长的清单上，唯一的关键词便是"自己"。

在忠于自己的道路上，失败也是成长的勋章。

05

　　回到文章开头的那个故事。我的朋友林秋在两个月之后发微信跟我说:"雪婵,我辞职了,我想真正去做一些发自内心喜欢的事。我们的烘焙店快要开张了,到时候你一定要来。"

　　彼时,五彩霞光穿透云层落在江面上,好美。

　　我回复道:"我一定去。"

从自卑到自信，
一个女孩到底经历了什么？

与自卑和解的最好方式，

就是停止和别人比较，将注意力聚焦到当下，

不断去做，去行动，去创造一个个小成就，

并在这个过程中不断获取正反馈。

这样，自信就会慢慢生长起来。

01

听过这样一段话：

"对于绝大部分普通人来说，人生要经历三个十年。第一个十年，去除自卑；第二个十年，建立自信；第三个十年，清晰认知。"

你以为拉开人与人差距的是资源或努力，其实真正造成差距的是自卑。

因为一些家庭因素，我幼时便随父母从穷乡僻壤的村里辗转到远方的城镇务工。

入学后，班里大多是城里的孩子，他们衣着光鲜，用着我无论如何也买不起的文具和书包；他们的父母要么是体面的双职工，要么是政府或街道的工作人员，要么就是老师。

而我操着带有浓浓乡音的"塑料"普通话，一开口便有同学捂着嘴笑，说我是"乡巴佬"。因此在学生时代早期，我很少开口说话，不合群，走到哪儿都是低着头。

小学二年级那年夏天，我八岁。

我在大扫除时不小心从学校二楼的楼梯缝摔了下来，掉到了一楼的杂物里。由于杂物遮挡视线，几乎没有人看见。

我躺了好一会儿才逐渐恢复意识。当我吃力地坐起来，才发现下巴一直在流血。后来我才知道，下巴上被割开了一道很长的口子。

我摇摇晃晃站起来，不敢惊动老师和同学，怕给他们添麻烦，一个人跌跌撞撞往家的方向走。

那日，回家的路似乎格外漫长。那天下午，夕阳很美，我不知道是怎么走回家的。到家后，妈妈见我的衣服上都是血，吓坏了，赶紧送我去医院。

下巴上缝了几针，头部抽出几管瘀血，我被包得像个熊猫。走在学校里，头上的白色纱布格外醒目，引来一阵阵哄笑。

自那以后，我对摔下去的那个楼道有了心理阴影，每次走到那里都会绕着走，也更加沉默寡言。

很长一段时间，我的梦里常常出现一个七八岁的小女孩，满身是血，无助地走在大街上，路过的行人则满脸嫌弃地嘲笑她、唾弃她。

整个学生时代，我遭遇过许多打击与否定，它们来自同学、老师、家人、陌生人，我一度陷在孤独、拧巴又破碎的情绪里。而这种情绪的底色，是一种无法言说的自卑。

现实和梦想之间隔着的，是永远觉得不够好的自己。

02

后来，我们家搬到另一个镇上，我终于有了一个能玩到一起的小伙伴。

我们同一年出生，有着相同的喜好，成绩也相当；不同的是，她的脸上总是洋溢着如冬日暖阳般明媚的笑，对万事万物大方地表达厌恶或喜欢，毫无顾忌地和我分享她的成长经历、父母的爱情故事、邻里间的趣事。

我在她欢快的笑声里，捕捉到了一种与我截然不同的灵魂散发的力量。

那是一个长期生长在富裕、舒展环境里的孩子，沐浴在父母温柔而深沉的爱里，完成了对自我的深度接纳，滋生出坦荡和自信的气质。

那是我不曾拥有过却一直渴望着的力量，我想成为像她那样接纳自己和坦然表达的女孩。

后来，我以全校第一名的成绩考进了县城的重点高中，我又搬家了，与她就此失散。

我再次孑然一身。好在高中有图书馆，书籍成为我的好朋友，我通过书体验这个世界。

我沉浸在路遥《平凡的世界》和陈忠实的《白鹿原》里，与主人公一起体验那个时代的悲欢沉浮；在张爱玲的小说里，我看到了那个时代女性内心深处的绝望；而在《简·爱》和《霍乱时期的爱情》中，我读到了令人动容的爱情故事。

我读托尔斯泰和雨果，也读金庸和古龙，读巴金和朱自清，也读郭敬明和饶雪漫。

读书这件事，抵消了我成长路上的很多烦恼。也是从那个时候开始，写作出书的种子悄悄在我的心底埋下了。

那时除了作文常常被老师拿来做范文，还有贴满了整面墙的大大小小的奖状，见证着我努力的回报。优异成绩和长期阅读让我内心的自卑感逐渐减少。

但我依然羡慕班里那些虽然成绩不好却三五成群在操场上自由奔跑、肆意欢笑的姑娘。

我觉得，那才是高中生该有的样子，那才是青春最耀眼的色彩。

03

我是从农村出来的姑娘，上大学是我真正意义上的"进城"。

某个周末，约了一个同学买衣服。我早到了半小时，便独自去步行街上闲逛。

我走进街角的一家服装店，店主热情地招呼我试了两件衣服。我觉得不合适且有些贵就没买，店主很嫌弃地指着我骂："看你这穷样是买不起吧？买不起就别试啊！浪费我的时间！赶紧走！"

生平第一次在大庭广众下被人指着鼻子咒骂，那一刻，我的脑袋轰的一下像是要炸开，我满脸通红地落荒而逃。约的那位同学终于到了，我再也绷不住情绪，拥着她的肩放声大哭。哭声里有委屈，有愤懑，有不甘，更多的是被自卑、怯懦以及不配得感支配的无能为力。

此后很长一段时间，我都不敢独自去逛街试衣服。我甚至不敢抬头走路，不敢大声说话，不敢靠近比我优秀的人，怕被嫌弃和嘲笑。

我在心绪不安里潦潦草草地长大，期待着一种连自己都难以明了的救赎。

毕业后，我来到了深圳。

作为一个出自底层的孩子，我身上从来不缺努力的动力和勇气。

刚毕业那几年，我在城中村住着不到十平方米、终年不见阳光的房子，要忍受被子的潮气和满屋的蟑螂，做着最难的工作，加着最晚的班，出着最长的差。

半夜出差回程途中，望着海那边繁华的夜景和绚烂的霓虹，内心仍会觉得凄凉。这座城市越繁荣昌盛，我就越感到自己的渺小。

我依然不敢独自逛商场，不敢流连于高档的餐厅和咖啡厅，在人群中说话时声音也依然是怯怯的，总是被忽略的那一个……

就这样，在二十出头的年纪，我羡慕着那些精致光鲜的人，同内心的自卑感进行着拉扯和斗争，从未放弃寻求自我成长和破局之路。

我读了很多书，走过很多地方，见天地、见众生、见自己。在这个过程中，我尝试将注意力慢慢地从外界转向自己，学会自我接纳，勤勤恳恳地工作和生活。我停止了无谓的比较和羡慕，也不再觊觎超出自己能力范围的繁华。

同时，我发掘了自己身上高敏感和容易共情的特质，重拾少时写作的爱好，将心底波涛汹涌的情感诉诸文字。

这些年，文字就像一个知心老友，见证了我所有的自卑和胆怯，懂我所有未说出口的无奈与悲欢。

我一边用文字治愈别人，一边被文字治愈。

04

二十八岁那年，我的文字获得了大量曝光。

开始写作后，我的努力才算有了一点成就。我进入了新媒体写作圈，被很多人称赞"优秀"。

同时，我不断深入探索内心那个自卑敏感的小人儿，尝试进行自我剖析：

"为什么我一刻都不曾懈怠，学历背景、工作境遇、所得所获也并不比别人差，我却始终被自卑和低自我评价困扰着？"

正是开始写作后，我结识了一些作家朋友、旅行达人，一些义无反顾做着热爱的事情而不求回报的人。他们内心富足，发自内心地相信自己、爱着自己、爱着这个世界，他们敢于尝试，不怕失败。

原来，人生的运行法则不仅关乎努力，爱自己和信自己也很重要。

二十九岁那年，我获得了出书机会，完成了二十多万字的书稿，第一本书《所谓优秀，不过是和自己死磕》在打磨两年后终于出版。

幸运的是，这本书广受读者喜爱，帮助很多人走出了人生至暗时刻，收到了大量积极正向的反馈。很多读者还自发建立社群，共读此书，分享心得体会。

我平日里写的一些文章，也收到了一些读者的正反馈。有人留言道："每当觉得很沮丧的时候，就去你的公众号看一看，能获得一种平静治愈的力量。"

约稿越来越多，我的写作领域也在逐渐拓宽，从采访到撰写商业稿件、人物传记等，我的每次努力总能得到编辑的认可与好评。

写作，为我的人生打开了一片新的天地。

这个过程也让我醍醐灌顶，终于找到了一直困扰我的问题的答案：与自卑和解的最好方式，就是停止和别人比较，将注意力聚焦到当下，不断去做，去行动，去创造一个个小成就，并在这个过程中不断获取正反馈。这样自信就会慢慢生长起来。

我也意识到，木桶理论并不是对每个人都适用。有时候，一味地补齐短板并不能令你把事情做好，越努力，可能反而越容易失败。我们真正应该做的，是将自己的优势发挥到极致。

于是，我开始冲破自卑的藩篱，坦然接受别人的赞美，相信自己值得好的一切，把自己热爱的事情做到极致，捧出一颗心去回应别人的信任。

这个时候的自信，出自于自知"这件事我能做好"的底气。

时至今日，我仍未停下自我探索的脚步。

当你不断向内求，重建自己的评价体系，便不会再被外界的看法裹挟。发自内心地相信世界是多元的，你才能接纳和尊重这个多元世界中的自己。拥有稳定的内核，自卑便无处遁形。

心理学家卡伦·霍妮说："无法成为我们自己，是一切绝望的根源。"

如果命运没有给我们一个好剧本，我们要争取做自己人生最好的演员。期待有一天我们都跨越自卑，成为更好的自己。

成为更好的自己之前，请先找到自己

只有先找到自己，搞懂自己，

了解自己是谁、喜欢什么、讨厌什么、追求什么，

才能辨别出所谓的"更好的自己"中，

什么才是"更好的"，

哪里才是自己可以努力的方向。

01

你有没有发现，现在很多人都在说"成为更好的自己"。

新的一年开始时，我们会说"希望成为更好的自己"；各类女性成长课上，关键词总会有"成为更好的自己"；网络上，"如何成为更好的自己"这样的问题，有上亿浏览量……

依然总有人问："读了很多书，听了很多课，可是到头来还是一片迷茫。到底怎样才能成为更好的自己呢？"

在回答这个问题之前,你首先需要问问自己:你,找到自己了吗?

只有先找到自己,搞懂自己,了解自己是谁、喜欢什么、讨厌什么、追求什么,才能辨别出所谓的"更好的自己"中,什么才是"更好的",哪里才是自己可以努力的方向。

而这些远不是读几本书、听几堂课就能实现的,你得不断探索,不断碰撞,不断经历。

就像山本耀司说的:"自己这个东西是看不见的,撞上一些别的什么,反弹回来,才会了解自己。所以要跟很强的东西、可怕的东西、水准很高的东西相碰撞,然后才知道自己是什么。这才是自我。"

02

在《半山文集》中有这样一段话:"读一百本书,不如把一本喜欢的书读十遍;读一本书十遍,不如把自己的人生经历反省一遍。阅人,真不如阅己。"

活得明白的人,往往会在经历中认识自己,在反省中成为自己。

我们之所以会迷茫、焦虑,甚至违背自己的心意选择职业、婚姻或人际关系,归根结底是因为在日复一日按部就班的工作和生活中,我们被社会规则和他人期待裹挟着往前走,丢掉了跟自己的人生经历对话,并跟真实的自己链接的机会。

我也曾经迷茫了很长一段时间,面对自己不喜欢的工作和职场环境,也有过很多拧巴和内耗的时候。

直到某一次在大理旅行时,我参加了好友松诺的心灵游学项目,其中有个自我探索主题是:"人生七年,与自己相遇"。

最初读到"七年就是一辈子"这句话,是在周岭的《认知驱动》这本书里。

漫画师戴维·萨拉奇诺在2012年创作的一幅连环漫画《11辈子》,大意是:一个人精通一项技能大约需要七年时间,而很多人一辈子通常只学一项技能,那么如果以七年为周期,我们这一生其实可以活很多辈子……

按照我的年龄计算,这一年刚好是"第五辈子"。

回顾过往,我似乎坐着时光机穿越了回去,那些年的欢喜和眼泪、挫折和成就、阵痛和成长,在我的面前徐徐铺开。我以旁观者的视角,将自己这"五辈子"中每个七年的人生经历细细梳理了一遍,真实的自我一步步清晰起来。

我发现,我一直在遵照别人的意愿而活:

学生时代,为了满足父母的期待,我的生活里只有努力学习这件事;高考填志愿,放弃了我喜欢的中文专业,选择了父母希望我念的财务会计专业,理由是热门专业好就业,而大学四年,光是把这个我并不喜欢也不擅长的专业学好,就花光我所有的力气了;毕业后,我先后进入会计师事务所和企业,拼尽全力做自己始终无法喜欢的审计、会计工作。

而后,在第五个七年里,我开始在本职工作之余写作,陆续出版了几本书。同时,我开始思考自己的价值在哪里,究竟想过什么样的生活。

此时工作稳定，领导看重，但这些表面的岁月静好，终究抵不过日复一日的庸常，我感觉自己如同一只困兽，不再成长，不再创造，在舒适圈里画地为牢。

我也越发不能忍受财务工作的烦琐，甚至厌恶每日重复机械的工作内容，很长一段时间，我都找不到每日工作的意义和价值，几近崩溃。我不断地剖析自己：即使我能一路升职，甚至再拼命一些接触到这个职业的天花板，我的内心也无法真正获得价值感和成就感。

"我活这一世，难道只为了记账？"无数个深夜，这个问题一遍又一遍地浮现在我的脑海里。

似乎只有在写作时，我才感觉自己是内心满足的、鲜活的、有价值的。内在的自我逐渐清晰起来，我确认了自己内心抗拒的东西，也确定了自己喜欢做的事情和想要过的生活。

机缘巧合之下，我离开了原来的公司，告别了十二年的职场生涯，开始全力以赴地做自己真正喜欢的事，尝试活出真正的自我。

奔赴在热爱里的这些时光，每一天都是鲜活明媚的，是和在一堆报表数字中苦苦挣扎全然不同的生命状态。

以前总听人说，长大是去除棱角的过程。现在看来，长大是形成棱角的过程：不断整理和反思过往的人生经历，你会慢慢知道自己喜欢什么，不想要什么，做什么能让自己开心，做什么会让自己崩溃，和什么人在一起会舒服，自己的缺点是什么，优势又在哪里，什么样的人才是自己想成为的样子……而这些意识合在一起，便形成了"自我"。

就像著名漫画家蔡志忠先生所说:"一个人把自己活出自己是最重要的。当然,这个要关起门来自己先想清楚,不能去外面跟别人比较。"

已经成年的我们,有决定自己命运的权利,不用再遵循谁的教诲过一生。

每个人都有过迷茫的时光,身在其中难以看清,只有跳出自己的经历,以旁观者的视角回望,才能清晰地看见自己如何通过那段路程走到了当下。

03

除了不断经历和反思,尊重并追随自己的感受去做事也很重要。

感受来的时候,认真体悟,接纳它、包容它、内化它,它会带你找到你热爱的事情。而你的热爱里,就藏着真实的自己。

什么是真实的自己?

武志红老师在《你就是答案》一书中写道:"如果一个人做什么,主要是从自己的感觉出发,那么他就会有一个清晰的真自我;但假若一个人做什么,都是从别人的感觉出发,那么他就会有一个假自我。这个假自我,是一个人痛苦的重要原因。"

著名播音主持人、心理专家青音亲切温暖的声音曾经治愈了我的整个青春,她的电台节目曾是我每日必听的。

但她在进入播音领域之前，学的是计算机专业。她不喜欢这个专业，一直在探索适合自己的职业道路。

毕业后，她曾经花了一两年时间，跟着自己的感受不断尝试，换了至少二十份工作，最终决定成为一名电台主播。她说，只有在当播音主持的过程中，她才感受到了前所未有的个人价值和乐趣。

后来，她在主持情感节目时，又对心理学产生了兴趣，于是系统学习了心理学，成为一位在心理治疗和节目主持两个专业领域跨界深耕的知名媒体人。

每个阶段，她都尊重自己的感受，尝试做自己感兴趣且喜欢的事情，从而更加了解自己。

她说："一个人人格的成熟就是寻找自己、做自己的过程，我们终其一生的功课就是成为自己。"

不断行动、试错、发现，而不是坐在房间里思考什么是自我。

读到这里，你应该也能发现，"自己"其实并不是一个静态的结果，而是一个动态的过程，因为你的自我是可以改变和升级的。每个人生阶段，随着经历的丰富，你都会产生新的感受或兴趣，你可以做一些事，去一点一点接近那个真实的自己。

当你不把找到自己当成遥不可及的目标，而是看成渗透在日常生活中的一个又一个当下的选择时，你就会卸下破罐破摔和急于求成的心态，你会知道，在寻找自己的路上，进一寸有一寸的欢喜。

04

读毛姆的《刀锋》，主人公拉里从不囿于社会规则，不结婚，不上班，到处云游学习，从不放弃自我探索。最终他混在人群中，做了一个平平无奇的出租车司机。

按照社会主流的评价标准看，拉里的人生是如此荒诞不经，最后的结局又是那么失败。然而这些不合常规的行为，实际上是他找到自己以后，真正去追求作为"人"的自由的体现。

拉里和《月亮和六便士》里的查尔斯一样，都不是社会认可的人生赢家，没有所谓的远大前程和抱负，他们只是追随内心的真实感受，毫无遗憾地过完了自己的一生。

他们不曾被世俗构建的价值观所束缚，而是活在自己的世界里，尽情享受灵魂和精神的自由。

而我们大多数人，从小到大都在努力活成社会希望的样子，我们被各种身份标签所定义，唯独迷失了真实的自己。

正如黑塞所说："人生使命只有一个，找到自己，忠于自己，成为自己。"

人的一生，就是摆脱外界期待、找到自己的过程。你的自信、成果以及能量都来源于这个过程。

寻找自己，并不一定要辞职、放弃爱与被爱，也可以是不再盲目地和别人比较，不再渴望获取他人的认可，回归内心，找到自己最珍贵、最值得的事，勇敢地坚持下去。

我们每个人终其一生都在寻找自己的人生定位，谁都不是一开始就找到自我的，有的人在很小的时候就找到了，有的人找了三年、五年甚至半辈子也没找到。

但这并不妨碍我们去经历，去碰撞，尊重自己的感受，跟随它找到热爱。在这个一步一步找到自己的过程中，某日不经意地回头，你会发现，自己已经走了很长很长的路，做成了一件又一件以前想做而不敢做的事。

你不再害怕时光，因为你知道它不是你的敌人，它会见证你越来越活出真我，越来越喜欢自己。

真正的自洽，
是允许一切发生

> 真正的自洽力就是一种允许的能力，
> 允许世事无常，允许事与愿违，
> 允许遗憾和失去，允许失败和指责，
> 允许自己不完美、不拧巴、不对抗，既来之，则安之。

01

早年间在深圳的事务所工作时，IPO（首次公开募股）审计程序中有一个流程叫客户走访。所里安排我去完成某个项目十家客户的走访工作，第一站是北京，同行的还有一名券商代表和一名律师代表。

机场集合时，第一次见到我的同伴们。券商代表是一位比我年长的姐姐，律师代表是一名初出茅庐的小伙子。

姐姐姓辛，瘦高身材，穿着简单的白衬衫和长西裤，头发挽成一个低低的发髻，妆容清淡，有一种干练又舒服的气质。

简单寒暄之后，我们等待登机，却被临时告知航班延误，起飞时间不确定。这一等,就从原本的起飞时间中午一点钟等到了下午五点,机场仍没有确切起飞时间的通知。

我是个无法忍受计划被打乱的人,后面的走访行程是提前安排好的,如果临时更改,需要一家一家通知客户,非常麻烦。于是我心里无名火起。那位律师小伙显然也坐不住了:"我今天还约了北京的同学聚聚的,这下全完了。"

我们跑去问地勤起飞时间,未果;又着急忙慌地查有无改签的航班,仍未果。那个下午,登机口有人骂骂咧咧,有人办理退票,我们则在机场焦躁地跑来跑去,最终精疲力竭,只能乖乖地回到座位上。

而辛姐,一直从容地坐着,将手中那本书读完了大半。见我们回到座位上,她只淡淡说了一句:"再等等吧。"

我们又等到晚上十点,才被告知因为北京的暴风暴雨天气,所有航班都取消了,具体起飞时间是次日上午九点。最终,我们被航空公司安排在深圳机场附近的酒店对付一晚。

由于人多,安排给我们的只有大床房,意味着我要和辛姐挤在一张床上。这让不习惯和陌生人同床共枕的我有些难以接受。

回想这一整天,白白等了十多个小时不说,耽误了后续的工作,导致不能按原定计划返程,现在又困又累,连个觉也不能好好睡。我正要开口抱怨,辛姐递给我一片面膜,微笑着说:"今天就委屈你跟我挤一晚啦。不过你放心,我不打呼噜,不说梦话,也不磨牙。"

我只能笑笑说:"好的,没关系。"

等我洗漱完出来,发现她已经点上了香薰机,整个房间弥漫着一股柠檬和茉莉的清香,手机里放着舒缓的轻音乐。这让我紧绷的神经慢慢放松下来，坏心情烟消云散。

"我已经发了邮件给北京的客户，调整了到访时间；也跟第二家客户打了招呼，延后几天到访；后续的八家客户就不用额外调整时间了，按计划进行。"她一边用身体乳涂抹着小腿，一边微笑着跟我说。

原本以为的大难题她竟然轻松地解决了？我又怀疑，又轻松，又佩服。

她似乎看穿了我的心思，说："我们的生活哪能处处如意？要允许这些不如意发生，不要去对抗，这样才有利于我们找到解决问题的办法。"

听完这一席话，我终于明白了她的身上为何总有一种让人心安的淡然和从容。那种包容万物的自洽力量，让她整个人变得柔软又坚定。

02

随后的一段时日，我和辛姐同住同进同出，进一步认识了她。

她研究生毕业后结了婚，生了孩子，用怀孕生子这几年考下了注册会计师和金融分析师等证书，重新步入职场后事业蒸蒸日上，却遭遇了老公出轨。

离婚时，她放弃一切换取了六岁儿子的抚养权，净身出户南下深圳进入投行重新开始，一点一点打拼至今，在深圳站稳了脚跟。

她讲述这些的时候云淡风轻，但我能想象那些年的"兵荒马乱"对于一个在人生地不熟的地方独自带着孩子从头开始的女人来说有多艰难。可在她的身上，丝毫看不到被生活毒打过的痕迹。

"你害怕过吗?是什么让你坚持走到现在的?"我好奇地问道。

她搅了搅杯子里的咖啡,抬头望向窗外,似乎陷入了回忆,随即笑道:"刚到深圳时,焦虑自然也是有的。但后来想想,其实生活本来就是这样啊,一个困难接着一个困难。我们要允许和包容一切事情的发生,行动上面对,心态上接纳,然后见招拆招地去解决就好了。那时,我急需努力工作养活自己和儿子。当我平静下来全力投入工作,一切就真的好起来了,而且越来越好。一个人的内心不能乱,保持自己的节奏。当你的内在状态稳定了、不内耗了,事情自然就会好起来。"

这就是她的过人之处:

在一次次与生活的过招中,允许一切如其所是,练就高度自洽的本领,无论在何种境遇,都能让自己处于舒适和稳定的内在状态。

那些生活不如意的人,常常会问这样的问题:"为什么这些糟糕的事会发生在我的身上?""为什么我不能像别人那样成功(或幸运)?"一直追问,只会不断地钻牛角尖,找不到出口。

我们经常在说"自洽力",其实真正的自洽力就是一种允许的能力,允许世事无常,允许事与愿违,允许遗憾和失去,允许失败和指责,允许自己不完美、不拧巴、不对抗,既来之则安之。

如此,你的内心才能生出弹性和韧劲,包容万事万物,接纳全部的自己,自信坦然地应对跌宕起伏的生活。

就像《倚天屠龙记》里的《九阳真经》口诀所说:"他强由他强,清风拂山岗;他横任他横,明月照大江。"

我们无法改变外界的波涛汹涌，但永远可以控制自身内在环境的稳定和平和。

这，才是真正的强大。

03

自洽的人知道如何向内求，允许一切发生，既有不慌不乱的松弛，也有骨子里的坚定。

作家李雪讲过自己一位好朋友的故事：

她的丈夫非常优秀，已经实现了财务自由，她离开职场，成为两个娃的全职妈妈。

起初她也自卑过，一方面每天不得不围着丈夫孩子转，另一方面又不甘心只做个全职妈妈。

渐渐地，她开始问自己："我是谁呢？我一辈子就这样了？"

醒悟过后，她不再拧巴，坦然接纳了自己全职妈妈的状态，同时继续之前的兴趣爱好，坚持做自己喜欢的事，哪怕做这些事情的收入远远比不上丈夫。

在这个过程中，她找到了自己的气场和内在的中心力量：我的幸福不依赖于丈夫，我完全可以自己负责。

因此，当丈夫跟她说"你又不赚钱，家里的钱还不都是我赚的"，她立刻反驳道："首先，我们家的钱在法律上是夫妻共同财产；其次，我为家庭创造的价值并不比你低。而且婚姻的选择是双向的，如果我当初没有选择你，而是选择了别人，那么结果可能完全不同。无论如何，我们现在的成功是基于我们共同的努力和彼此的支持。"

从这个回应中，我们可以看到她身上自洽的力量。

后来她丈夫逢人就说："我这辈子只看两个人的脸色，一个是我上司，一个是我太太。"

她和丈夫虽然收入天差地别，但是在这个家庭里，她营造了跟丈夫平等的气场，她永远立得住自己。

就像李雪所说："她内在的气场和中心非常稳定，哪怕她离婚了，她的生命都不会停止绽放。"

当内心的想法不再自相矛盾了，才能不困于得失输赢，以柔软的姿态与世界握手言和，从而更清醒而笃定地走接下来的路。

练习自洽的过程，就是放下对自我的否定，在一次次坦然接受自己的好与不好中，练就一颗不惧纷扰、自我圆融的心。

你不需要故意让自己看起来很佛系，也不需要故作松弛，你只需要真实地允许和接纳自己的一切，同时又坚定地明确自己的使命和方向。

如此，你会发现不需要依赖任何外在的人或物，也可以获得内在的幸福感。

04

为何我们的人生过得如此拧巴？

认知到肥胖影响健康，又管不住嘴、迈不开腿；害怕被时代淘汰，又放不下手里的网剧和游戏；觊觎小城市的安稳，又留恋大城市的繁华；想要自由的生活，又没有拼搏的勇气……

生活中有太多人每天藏在面具下，和自己、和命运、和整个世界对抗，内心撕扯，难以自洽。

而生命的终极命题，始终是成为真正的自己。如何自洽地过一生，是一辈子的功课。自洽也并非先天基因，而是一种后天可以习得的能力。

面对环境的变化、模棱两可的抉择、别人的成就……你的内心是不是特别容易感到焦虑和冲突，无所适从？或者总想立即达到别人的高度？

亲爱的，一旦你有这样的念头，你需要做的，是先要允许一切如其所是，关照自己的内心，感受真实的自己。

对自己说：我允许这些情绪存在，我允许自己犹豫不决，我允许自己并非总是斗志昂扬，我允许理想和现实的差距，我允许别人比自己优秀……

在接受和允许中转变视角，让自己平静下来，然后问问自己：我真正想要的是什么？我要成为什么样的人？当下我能做的事情是什么？

将这些想法一件件写下来，全力以赴地投入行动，并随遇而安地接纳各种结果。

在这个积极的过程中，你将慢慢变得自洽，收获舒适稳定的内在状态。

愿我们都能在内心修炼出一枚定海神针，不管外在世界多么纷繁复杂，都能在内在的宇宙中找到秩序和安定，活出自洽又丰盛的自己。

30 岁以后，
我终于学会了爱自己

> 阅尽千帆，你会发现，
> 唯有爱自己，才是生活的解药。
> 当然，不是放纵自己或者以自我为中心，
> 而是从心底滋生对自己披荆斩棘、无畏前行的温柔守护，
> 坚守自我，无视外界的定义，过私人定制的一生。

01

英国作家王尔德说："爱自己，是终身浪漫的开始。"

有一段时间，我特别喜欢去香港买买买，每次去都要花掉一个多月的工资。

那时，我以为买昂贵的护肤品，买质感好的衣服和包，买最新版的电子产品，吃几顿好吃的，看几场电影，读几本好书，去远方旅行开阔眼界，让自己过得舒服，就意味着全部意义上的爱自己，所以我从不吝啬为自己花钱。

无可否认，这些的确是爱自己的一部分方式。

但事实上，只做这些事情让我根本无法真正安心，短暂地享受后很快回归日常，内心常常产生排山倒海般的空虚。

后来，我看到一本书上有几个问题：

（1）和比你优秀的人在一起，你会感到拘束，不敢表达自己，怕被笑话吗？

（2）和朋友看上同一样东西，你是不是总是假装无所谓，然后让给他？

（3）你的伴侣让你陪他做你不喜欢的事，你是不是总是会笑着答应？

（4）同事让你帮忙，你是不是哪怕再忙，加班再晚，都会点头答应？

对于上述任何一个问题，如果你的答案是肯定的，或者迟疑的，那么你该问问自己：我真的爱自己吗？

而我发现，我的每个答案几乎都是肯定的。

这时我才意识到，原来，"仅仅在物质上满足自己的需求"这种爱自己的方式远远不够。

02

记得在某档综艺节目上，papi酱（姜逸磊）提出了刷爆全网的"人生最重要的人排行榜"：

1. 自己；2. 伴侣；3. 孩子；4. 父母。

papi 酱认为：只有自己陪伴自己的时间最久，所以自己最重要。

但我的同学霖霖却不这么认为，她说："这也太自私了，有了孩子的女人怎么可能把自己放在第一位？她那是站着说话不腰疼。"

她是两个孩子的妈妈。大宝出生后不久，她就辞职了，全身心地陪伴孩子成长，从此她的生命里只有孩子、老公。

"那你自己呢？"我问。

"他们好，我就好。"

她将所有的注意力都放在老公和孩子身上。这种全身心的付出换来的却是老公的窒息和不理解，以及孩子的叛逆和想逃离。

不爱自己的第一个表现就是，将自己的价值感附着于别人身上，好像只有让孩子、父母、伴侣过得好，才能找到自己存在的价值，才能感到自己是被爱着的。

这种价值感很脆弱，一旦收到不符合期待的反馈，或者出现比你"看上去更好"的人，你的自信心就一击即破。

某天上午打开微信，看到一位朋友在深夜时分发了一条长长的朋友圈，满是对自己的不满和指责。

内容大概是对工作的失望和迷茫，对单身的排斥和失落，对于自己做错一些人生选择的自责，以及每天努力健身、浑身酸痛却瘦不下来的悲愤难过，末了还丢出一个问句："大家是这样的吗？"

下面有其他朋友的多条"感同身受"的评论。

其实我的这位朋友非常优秀,三十出头的年纪,有一份体面的工作,面容姣好,个子高高,身材尚可,平日里自律又上进。

但她总是觉得自己不够好:"我怕大家不喜欢我,所以我会下意识地隐藏起自己真实的样子。我在意别人对我的评价,我不能接受自己不够优秀。我渴望恋爱,但又怕对方看到真实的我就不再喜欢我。与其这样,还不如不开始。"

不爱自己的另一个表现是,总是期待别人的认可,总要向别人证明自己,不敢表达,经常忽视自己的感受,想对所有人周全,把自己放在最末位,不能接受自己的不完美,总是觉得自己不值得或者不配拥有美好的事物。

我们总是容易对别人宽容,而对自己无尽地苛责,自己做得稍有不好就对自己挑刺,看自己哪里都有不足。

心理学上把这种对自我的过度苛责,归于自爱力不足。

这些苛责、否定、攻击自己的声音,就像魔咒一样,作用在我们做每一个决定时、我们需要动力做出改变时、我们需要勇气去争取时……直到我们被困住,被卡住,无能为力。

我们生命中遇到的几乎所有问题,最终都源于一个核心:你不会爱自己,你不够爱自己。

03

日本作家本田直之在《少即是多》一书中提到:"从物质中获得幸

福的时代，已经结束了。"

觉察到这一点，我开始明白，真正的爱自己，不仅仅是简单满足物质上的需求，而是发自内心地喜欢自己，欣赏自己，享受做自己，不会因为别人的负面评价就动摇，不会轻易地指责自己。

真正的爱自己，具体说来有两个维度：
（1）置顶自己的感受和情绪

敏感脆弱的人总是对别人的感受特别在乎，忽略自己的感受。我就有讨好型人格，习惯将别人的感受放在第一位，总是对自己说："算了吧。"

正确爱自己的第一步，是觉察和关注自己的感受和情绪，将其放在第一位，多问问自己：我委屈吗？我快乐吗？我痛苦吗？我愿意这样吗？这是我真正想要的吗？

细腻地觉察自己的感受，尊重自己的感受，永远站在自己这一边。

我通过这些觉察，终于迈出了爱自己的第一步。

有一次，我替公司报完税，在当月下旬，莫名其妙地被税管员叫到办税大厅狠狠骂了一顿。末了她还继续补刀："就你这水平，还当什么财务，快回家喂猪算了！"

她的这一顿数落让在场的人齐刷刷地望着我，语言、情绪的双重暴力令我感到丢脸又委屈。

后来，她才发现原来是系统故障导致数据没有上传，并且有好几家公司都是这种情况。

原以为她意识到误会了我,至少会说句抱歉的话,但最终她只是收了我的资料,面无表情地示意:"你可以走了。"

被人这样指着鼻子在大庭广众之下破口大骂,为本没有犯错的事情埋单,还被人无端指责不专业,我甚是委屈。

若是平时,我可能又会对自己说:"算了吧,她是税管员,以后还免不了打交道。"但那日,我觉察到了自己的情绪:委屈、愤懑、不甘。

于是我给她发了一条微信,委婉地将自己的感受告知她,并对自己做出肯定:"我是考过了中级会计职称和几门注会的人,我也做过税务审计,相信自己的专业程度绝不是你说的'喂猪'水平。"

发出这些话的那一刻,我的心瞬间放晴了,终于为自己撑腰了一次。

最终,那位税管员跟我道了歉,并且在之后的工作中都对我和颜悦色。

通过这件事,我终于明白了,始终置顶自己的感受和情绪,坚定地站在自己这一边,对于爱自己这件事来说,是何等重要。

(2)看见真实的自己并接纳自己

读了杨天真的《通透》这本书,很喜欢她由内而外散发的笃信又自洽的气场,那是看见真实的自己并全然接纳自己作为女性身上才有的高价值感。

16岁以第一名考进中国传媒大学,大学在读期间进橙天娱乐工作,22岁担任某工作室的宣传总监,29岁创立壹心娱乐,如今创办了自己的女装品牌Plusmall。她的每一步都是向心而行,从不理会他人的眼光。

在这个以瘦为美的时代,她能大方地晒泳池照,丝毫没有外貌焦虑。她有着深层的自信:"因为我真正喜欢我自己,所以我根本不在乎你们到底喜不喜欢我。"

谈及创立大码女装事业时,她鼓励女孩们接纳自己的身材:"你要接纳自己的身体和外在,不被外界的评价所困。这个世界的审美是多元的,试图找到自己的特点和美点,通过化妆和穿搭展现你的独特。"

只有当你由内而外地接纳自己、关爱自己,你才会有自己的一套处事标准和节奏,才能有一个稳定的自我内核,不被外界看法干扰。

有一个读者给我留言说:

"我每天读书、健身、听音乐、吃美食,这是不是就是爱自己了呢?……但为什么我仍旧不快乐,还是会感到空虚?"

很简单,因为你没有真正地爱自己,没有从心底接纳自己的全部。你每天努力健身、阅读、运动——这些都是你对自己的"要求",不是爱。

真正的爱自己是即使你每天不健身、不读书,你依然感到坦然和快乐。因为你不再要求自己一定要有和别人同样优秀之处,你接纳了自己的普通、平凡和不完美。

爱自己的本质是接纳真实的自己,接纳自己的一切,包括自己的不完美。这份不完美,本身就是自我的一部分。

爱自己的精髓在于取悦自己,而非讨好别人。

比如减肥这件事,如果你怀着"男朋友希望我瘦一点""我的工作要求我瘦"这类外部需求动机,大概率会失败或者反弹。

只有抱着"我喜欢更健康、线条更流畅的自己"这个内部需求动力,你的减肥之路才会更健康,更长久。

04

以前觉得爱自己,就是努力给自己最好的东西。现在才明白,真正的爱自己,是始终坚定地站在自己这一边,允许自己可以不那么好:

不讨厌自己的小肚腩,不在乎自己脸上的痘痘,不苛责自己的笨和错,不会因为别人的贬低而指责自己,永远忠于自己、相信自己,经常对自己说:"你很棒,你可以。"

不妨想象你有一个女儿,像爱女儿一样爱自己:

她失落时,鼓励她;她被打击时,拥抱她;她遇到困难时,和她站在一起;经常夸夸她,永远觉得她是最棒的。

阅尽千帆,你会发现,唯有爱自己,才是生活的解药。当然,不是放纵自己或者以自我为中心,而是从心底滋生对自己披荆斩棘、无畏前行的温柔守护,坚守自我,无视外界的定义,过私人定制的一生。

人往往要先爱自己,想要的一切美好人、事、物才能被吸引来到身边。因为你越爱自己,生活就会越爱你。

余生,好好爱自己,不去惊艳谁的人生,只温柔自己的岁月。

所谓自我管理，
很大意义上是欲望管理

> 高层次的人生需要高层次的欲望推动。
> 自律从来不是手段，也不是个人特质，
> 自律只是一个人坚定地追求高层次欲望时呈现出来的一种外在状态。
> 为了更高级的欲望，
> 去战胜那些对实现自身价值和成长没有帮助的欲望。

时隔多年，再读莫泊桑的《项链》，有了更深的感触。

主人公玛蒂尔德为了在舞会中成为焦点，向朋友借了一串钻石项链，却不慎遗失，于是她倾家荡产地贷款买了一条新项链还给朋友，而自己则用了十年时间才还清贷款。这时，她却被告知当初借的那串项链是假的，根本不值那么多钱。

她用大好的十年光阴为自己的欲望买单，耗尽心力。

人生中有太多的不快乐甚至不幸，都是由人性里低层次的欲望造成的。欲望太盛，是人生的一场灾难。

生活本不苦，苦的是欲望过大；人心本不累，累的是所求过多。

01

我在二十几岁的那些年也曾被物欲裹挟。

倒不是迷恋什么奢侈品,也没有什么非买不可的东西,只是拼搏了太久,总觉得该用什么东西来填补内心的匮乏,犒劳自己的付出。

旅居深圳的第五年,我花了四分之一的工资租了地铁旁一套一室一厅的房子。某一次整理屋子时,我从犄角旮旯翻出了一堆护肤品,其中有几年前从香港买的大牌护肤品,还没有拆封。我震惊地发现自己这些年在护肤品上的投入真不小。

家里还有许多买了好几年却鲜少使用、堆在角落里积灰的物品,诸如香薰蜡烛、各类包、智能泡脚桶、kindle 电子书阅读器、破壁机、洗脸仪、面包机、吉他、健身卡等,几乎每一样都花费大几百或上千元;衣柜里超过一半的衣服鞋子,穿了一两次就再没穿过。

我一直觉得自己是从小地方出来的,在用钱方面还算理性清醒,却也逃不过消费主义的洗脑。明明赚的在同龄人中不算少,却总觉得缺钱。

二十岁到三十岁是希望自己被心仪之物包围的年龄,铺天盖地的广告和身边朋友的推荐让你很难从物欲中抽身。

"你值得拥有""为你的年轻增值""口红不是化妆品,谁用谁自信""房子是租来的,但生活不是"……这些广告宣传语告诉你:拥有了这件产品,你的生活才会更好。

但最后你会发现,自己辛辛苦苦赚钱买来的心仪之物,只会在拥有的那个瞬间带给你短暂的快乐，最终还是逃不掉被闲置的命运，而很多东西拥有之后，你也并没有过上自己事先期待的那种高品质生活。

正如《世界尽头的咖啡馆》这本书里所说："从小时候开始，我们的生活就充斥着各种广告，这些广告传达的信息就是人生的圆满来源于物质。""如果不谨慎点儿，我们肯定会把自己的幸福和满足寄托在某样产品或服务上。最后，我们会陷入一种财务困境，必须不断去做事情去挣钱，尽管那些事情不是我们真正想做的。"

尤其在我们这个时代，短视频、直播带货充斥着我们的生活，甚至连车子、房子等大宗物品也开始在直播中出现。以前，消费还在娱乐的外衣下隐约闪现；现在呢，消费越来越明目张胆地展现其真身，那些吸引我们用手指点开的娱乐图文、视频，最终全部导向消费。

但，我们真的需要这么多衣食住行方面的物品吗？

超出我们生活范围的物质和消费固然能为我们提供享乐，带来短暂的快乐，但若是放纵自己耗费一生光阴为获得它们服务，那我们只会沦为欲望的奴隶。

这是消费主义带给我们的欲望陷阱。

02

有些人避开了这个陷阱，在自己的世界里怡然自得。

偶然间读到一本书叫《理想的下午》，作者是作家舒国治。我被他笔下的生活触动，一发而不可收地从网上买了好几本他的书，从此迷上。

书里没有什么警醒世人的大道理,他写的,只是睡觉、喝茶、流浪、旅途、美食,和那些泛着光的可爱日常,简单却处处透着自由和快乐,让人在汲汲营营中窥见生活的别有洞天。

梁文道、陈文茜等一众朋友之所以称他为"台北一奇人",大抵是因为如他这般全然遵从本心将一生任性恣意而过的,当今世界恐怕没有多少。

二十几岁时,他凭借小说《村人遇难记》成为我国台湾文坛新星,却放弃大好前途,从大众视野里彻底消失,去美国流浪,以零星稿费为生,每至一处便打点零工,攒点小钱,再奔赴下一处。

世人大多苦心孤诣追名逐利,而他却"财富以千元台币计算,每次户头见底,才提起笔,给自己增加一些零头小钱"。

他对物质的欲望极低,住在溽热的台北,竟然坚持不装空调。家里也无任何多余的东西,例如电视、电话、网络。

他在《十全老人》里写过自己的理想生活是"容身于瓦顶泥墙房舍中,一楼二楼不碍,不乘电梯,不求在家中登高望景,顾盼纵目。穿衣唯布,夏着单衫,冬则棉袍……件数稀少,常换常涤,不惟够用,亦便贮放,不占家中箱柜,正令居室空净,心布不寄事也"。

陈文茜曾这样描述他:"一个下午,我们一长桌十人坐在一块儿品茶。十人当中,有人身家百亿,有人负债千万,也有人每月靠几千元稿费过日子。一桌子人里,最快乐的就属这个人,他无家、无产、无债、无子、无物欲。"

他也直言自己是一个"赌徒":"我几乎可以算是以赌徒的方式

来搏一搏我的人生的。我赌，只下一注，我就是要这样地来过——睡，睡过头。不上不爱上的班，不赚不能或不乐意赚的钱。每天挨着混——看看可不可以勉强活得下来。那时年轻，心想，若能自由自在，那该多好。即使有时饿上几顿饭，睡觉只能睡火车站，也认了。"

舒国治的难得在于，他超越了"有钱才能如何如何"的普世逻辑。

他对自由的欲望，远远超出了对物质的欲望。永远任性而清醒地过自己想过的生活，闲散淡泊，会吃会玩会写作，心不为形役，亦不为欲望所累。

乔舒亚和瑞安在《极简主义》一书中写道："一旦我们清理掉多余的东西，便超越了物质，转向人生中最重要的方面：健康、人际关系、热情、成长和奉献。这五种价值，正是过有意义生活的基础。"

一个人在阅历不够时，只觉得眼前的一切都是自己想要的，直到看过世间百态，才会明白这一生其实所需甚少。人生中真正的自由和幸福，并不在于所得有多少，而在于精神的丰足与内在的自洽。

我们或许无法像舒国治一样活出与大多数人不同的人生版本，却能在被欲望裹挟时思考如何与它和谐相处，从而获得心灵的自由和成长。

蔡志忠对"有钱人"做出这样的定义："当你口袋里的钞票足以购买你的欲望，你就是有钱人。有很多人即便有五百亿，他的钱也不足以购买他的欲望，所以就是贫穷的。"

与其奔走于名利财富的诱惑下，最终被自己的欲望反噬，不如管理好欲望，把时间留给真正值得追求的事。

03

叔本华曾经说过:"生命就是一团欲望。"

我们的成长过程,很大程度上是由欲望驱动的,这让我们有努力的方向和动力。但每个人内心的欲望何其多,若不加以妥善管理,欲望便成为人生最大的隐患。

所谓的自我管理,很大意义上是欲望管理,让欲望为自己的人生目标服务。

欲望管理最重要的,不是放纵,也不是压抑,而是学会用高层次的欲望来取代低层次的欲望。

低层次的欲望,是动物本能,比如吃饭睡觉、物质享乐等,放纵即可获得。

高层次的欲望,是成长的愿望和野心,能让我们产生价值感、获得感和成就感。它是一种自我实现的欲望,需要克制和坚持才能得到。

村上春树是我非常喜欢的一位作家,我最敬佩的是他的自律精神。

他每天早上四点起床写作,每日写作四千字,不能少,也不能过多。他还一直保持着每日修改的习惯,在进行当天的写作前,花十五至二十分钟,重读并修改前一天的作品。他长期坚持每日跑步至少十公里,参加世界各地的马拉松。他不常参加社交,每天晚上九点准时上床睡觉。

如此自律的生活，他坚持了四十年。

这种极致的坚持和自律，其实是强大的写作欲望在背后推动。

他曾在《我的职业是小说家》里写道："我不是才华横溢型的作家。才子写书，像拿着锋利的剃刀，而我拿着的只是一把斧头，要用力地砍啊砍，才能写出东西。"

他自认并非天赋型选手，为了实现自己写作的终极欲望，他克制安逸享乐的低层欲望，严格要求自己。常年的刻意练习与深入骨髓的自律让他出道至今，得以保持每年出版一本书的节奏。

高层次的人生需要高层次的欲望推动。自律从来不是手段，也不是个人特质，自律只是一个人坚定地追求高层次欲望时呈现出来的一种外在状态。为了更高级的欲望，去战胜那些对实现自身价值和成长没有帮助的欲望。

想通了这一点，三十岁之后的我，不再执着于"买买买"，开始重新审视自己的生活，开始思考：我为什么而活？我幸福吗？我的人生终极欲望是什么？

这些问题，在不同阶段或许有不同的答案。

人若为物质而活，有再多的快乐也是肤浅的，我们活着的意义和幸福感来源于开发自身价值和探索自己想成为的人、想过的生活。而我的人生的终极欲望大抵就是做自己热爱的事，过以成长为目的的人生。

于是，我开始约束口腹之欲，学习做营养餐；克服懒惰，每日坚持读书写作；只买真正需要的东西，房子够住即可，车子能代步即可，警惕被物欲绑架；将以前"买买买"的资金用来学习进修、投资大脑，将以前追剧上网的时间用来运动锻炼，将以前无效社交的精力用来思考和深耕。

两年过去了，在自律和坚持背后，是让自己越来越好的欲望。

生命原本就是一个去芜存菁的过程，人生下半场，给思想做加法，给欲望做减法，不被繁芜的欲望俘虏，不被浮华的生活绑架，懂得节制，才能收获真正的平静和自由。

女生的独立，
不只是"有一间自己的房"

> 真正的女性独立，
> 不是非要活成成功漂亮、精明能干的事业女性，
> 而是在心理上和精神上接纳自己的任何一种身份和状态，
> 坚信自己不管怎么选择都是对的，
> 并且选择后有随时调整的权利和能力。

01

一个世纪前，英国作家伍尔芙在她那著名的讲稿《一间自己的房间》里，写下了这个振聋发聩的句子："女人想要写小说，她就必须有钱，还得有一间属于自己的房间。"

长期以来，整个社会都在倡导女性独立。似乎你不独立，就是一个 loser（失败者），会遭到全世界唾弃。

所有女性都面临重要的议题：独立到底意味着什么？独立的标准又是什么？

如今一提到"独立"，大众风向就会告诉你，作为一个独立女性，首先就要经济独立，男人都靠不住，要独自美丽。于是越来越多的女性拼命追求经济独立，提升自己的赚钱能力，自己买房买车。

但女性由此就真的独立了吗？

听表妹聊起她的一个闺密。

这位闺密长相清秀，工作能力也非常出色，经常拿到公司的"优秀员工奖"，收入也并不比老公差，却总是无意间暴露身上的伤，有时候是胳膊上若隐若现的瘀青，有时候是腿部红肿流血的擦伤撞伤。

问及原因，原来是遭到了老公家暴。

但老公每次家暴后都会立刻道歉，跪在地上，抽自己几十个嘴巴，一把鼻涕一把泪地请求她原谅。

她一次又一次原谅了这个男人，却换来这个男人一次又一次更严重的施暴。

表妹心疼她，劝她离婚，但她始终抱有幻想："他也有特别宠我的时候，他还是爱我的。况且离婚的话，我爸妈那一关就绝对过不了，离了婚的女人就不好嫁了，我不想让村里人看笑话。"

诚然，她在经济上已经实现了独立，能赚钱养活自己，但是在心理上、精神上却并没有独立起来。核心自我感的缺失，让她容易接受"被定义"，以此换取关系中的存在感和价值感。

精神上的不独立，会造成心理上的依赖和行为上的软弱，生活在现实的泥沼里，明知痛苦，却没有勇气上岸。

过去，我也一直认为女人经济独立最重要。可是这些年，我见过不少能力、收入都不错的女性，要么活在对"大龄剩女"的恐惧中，要么苦苦挽留早已变心的男人，要么坚信传宗接代是女人的必然使命。

女生的独立，从来都不只是拥有"一间自己的房"，更重要的是心理和精神上独立，有稳定的自我内核，有独立思考问题的能力，有把控自己人生的底气，不被外界的纷扰打乱内心秩序，坚定地做自己。

02

某一次，我们的线下读书会迎来了一位全职妈妈，她年轻时也曾是杀伐决断的职场女精英，带领的团队业绩一度在公司名列前茅。

她生下第一个孩子后回归职场，却又始终不放心把孩子全权交给别人，思虑再三，她还是辞职做了全职妈妈。儿子三岁时，她计划重返职场，却意外怀上了第二个孩子。

她的丈夫事业小成，家里雇了一个保姆打理日常家务，她主要负责科学育儿，非常注重孩子们的智力开发和兴趣培养。几年过去，一儿一女她带得得心应手。

自她辞职后，家里的财政大权一直由她掌管，小到日常开支、人情往来，大到在哪儿投资买房，买什么理财产品，她都打理得井井有条。先生也非常信任和依赖她。

我们不由得感叹，能干的女人，真是在哪儿都能发光发热。

在带娃的那段漫长又琐碎的时光里，她并没有所谓的经济独立，却以自己的能干和自信成为家里绝对的主心骨，赢得了全家老少的尊重。

我忍不住问她："原以为像你这样独立的职场女性不会回归家庭。带孩子这些年，你焦虑过吗？"

她说："家庭和事业从来都是无法平衡的，看自己怎么选择而已。况且，谁说女人的价值就一定得在职场上才能实现？真正强大的女性，是既有实力，可以靠自己，也不用通过拒绝男人的帮助来证明自己独立。我这几年虽然没在职场，但从未停止过学习，一直关注着行业动态，我随时都可以重出江湖。"

她始终立得住自己，不为外界的观念绑架，精神自由，虽然现在为了孩子待业在家，但亦有随时披甲上阵的能力。

她身上不存在全职妈妈惯常的"失去自我"的焦虑，更多的是一种活在当下、肯定自己的松弛感。

她让我想起郭晶晶的那句"世上豪门有很多，可冠军却没几个"。她们有一样的女性魅力、一样的强大气场、一样的与男性的势均力敌。

我在她的身上看到了女性精神独立的巨大能量。她们可以暂时告别职场，但具备经济独立的能力，有实力把控自己的人生和命运。

今天这个社会，处处充斥着对女性的规训："就算结婚生子了，也一定要有工作，要独立。""全职主妇在社会上没地位，千万不要去尝试。"……但当你拼命工作时，又会有声音说道："不结婚、不生孩子，只知道工作，你还是个女人吗？""当了妈，又不管孩子，赚那么多钱有什么用?"

焦虑之下,许多女性急于给自己的人生答卷填上"标准答案":在家庭和社会的双重压力下,结婚生育;又在社会对女性独立的劝诫下,把年幼的孩子丢给老人和保姆,回到职场追求经济独立和自我价值。

处处是左右互搏的撕扯,甚少从心的选择。

这个社会上,比起告诉女性"你要独立",告诉女性"你有权利做任何选择"的声音更加稀少。

但如果,连独立女性是什么样都是由别人来定义的话,那女性还有什么独立可言呢?

真正的女性独立,不是非要活成成功漂亮、精明能干的事业女性,而是在心理上和精神上接纳自己的任何一种身份和状态,坚信自己不管怎么选择都是对的,并且选择后有随时调整的权利和能力。

生孩子是因为喜欢孩子,而不是由于"不生孩子生命就不完整"的论调;回归职场是因为热爱工作,而不是出于"不工作就会失去自我"的恐惧;有权选择成为不婚不育的职场女性,当然也可以选择成为对孩子负责的全职妈妈。

一切选择的底色不是"我应该",而是"我愿意",没有撕扯,不会拧巴。

就像周轶君导演和戴锦华教授在"女性是一种处境"的对谈中所说:"当我们说到独立女性的时候,一定是没有模版的,归根结底,它是一个你对自己生活方式的选择。"

03

　　我以前也经常用拼命努力赚钱、取得工作上的成绩、不轻易求助来证明自己的独立，年纪渐长后却觉得不对劲，为什么男性独立就是天经地义的，而女性独立却需要通过种种努力去证明？

　　就当今而言，女性的独立，更重要的是有能力为自我构筑一个更深邃、更智性的内在精神世界，摆脱他人的定义，跳出自证的陷阱，活出真正的自己。

　　我现在觉得，在任何状态下都能舒展而自洽，不自我孤立，可以独当一面，也可以坦然接受别人的帮助，适当依赖，接纳自己作为女性的全部——容貌、身材、脆弱、渴望……这，未尝不是一种独立。

　　所以很多时候，我会提醒自己：我已经很好了，我不必处处完美。

　　我一直相信，每个人来到这个世上都有自己的人生功课和使命，有的人是为了体验生命，有的人是为了完成某件事，有的人是为了修行……

　　一个女性想要实现真正的独立，需要找到自己的人生功课和使命。

　　每次看到张桂梅校长的相关新闻，我都忍不住热泪盈眶。

　　她耗尽毕生精力日复一日地做着同样一件事情：把女孩们送出大山，让她们拥有冲破桎梏、掌控自己命运的能力。她是大山里女孩们的守护者和筑梦师。不求名利，不图回报，无怨无悔，因为这是她最想成为的人和最想做的事。这或许就是她来到这世间的人生功课和使命。

我们也许成不了像张桂梅校长这样伟大的女性,但也可以好好思索自己这一生想成为什么样的人,想做成什么样的事。

从心而发的人生功课,会引导我们走上属于自己的独立之路,指引我们勇敢地去选择、去冒险、去成为自己、去过自己想要的生活。

女性的独立和自由之路是什么样的,永远没有一个标准答案。这个世界上也没有绝对完美的选择,只要坚信自己选择的道路就是正确答案,并把它走成正确答案就可以了。

最后,愿我们都不用活成"标准答案"。

Part 2

星河滚烫，
你是人间理想

你一定要奔赴在自己的热爱里

找到热爱,

就相当于找到了最适合自己的生活方式。

终其一生,你要寻找的不是符合所有人的"正确答案",

而是那个让你平和地做自己的"你的答案"。

01

你还能回忆起自己四岁半的时候在干什么吗?

在大多数孩子字都不认得几个的年纪,蔡志忠在父亲的书桌底下思考自己的人生之路。四岁半时,他将画画引为此生热爱。他说:"画画就是我最爱的。只要不饿死我,一天给我一个馒头,我就要画它一辈子。"

十五岁那年,他辍学画连环漫画,后来成为职业漫画家,将画画这件事做到了极致:

他曾经五十八个小时坐在椅子上,做一个四分钟的电视片头;曾经四年待在日本,画了四十本诸子百家和四格漫画;曾经用十年零四十天研究物理、数学，在商务印书馆出版了四卷本《东方宇宙》。他成为中国有史以来所著书的发行量最多、版本最多的作家之一。

他说："我的一生都是梦想，然后实现梦想。因为我认为一个人要选择自己最拿手、最喜欢的事物，然后全力以赴，把它做到极致，这样没有不成功的。"

找到热爱，然后把它做到极致，成功是自然而然的事，人生也会因为得到这份滋养而产生诸多快乐。

这是蔡志忠先生的人生给我的最大启发。

02

我对看到过的一则采访念念不忘，采访对象是纪录片《水下中国》和《潜行天下》的导演周芳。我对她印象深刻，是因为她聊到潜水和摄影时眼中跳跃着的光芒，让我看到了生命可以如此丰富多元，热爱可以让一个人如此鲜活生动。

她是来自湖南山城的一个普通姑娘，自小成绩好，一路顺风顺水地上学、留学、读博、工作，成为外人艳羡的投行精英。

但只有她自己知道，少时看《正大综艺》时那个深埋在心底的梦想一直在蠢蠢欲动："我想要成为一个扛着机器，把这个世界上大家都不知道的东西告诉大家的人。"

三十岁时，她业余学习潜水和摄影，还办了鲨鱼影展和分享沙龙。现场观众认真的神情让她动容，她说："有种实现个人价值的感觉。我确实找到了一件我非常热爱，体现我赚钱之外价值的事情。"

于是她毅然离开职场，转行成为一名水下纪录片导演。

先是历时三年，首次完成了一部拍摄中国水下生态和古迹的纪录片《水下中国》，再用了八年时间，在全世界不同水域独自拍摄，完成纪录片《潜行天下》，后来又拍了《潜行中国》。这些纪录片因独特的女性视角和故事化表达获得无数好评，甚至被认为有实力叫板 BBC（英国广播公司）的纪录片。

她十几年如一日地拍摄，几乎走遍全球水域，有时候一个镜头需要多次下水，一拍就是十天、二十天。水下世界是未知的，还要去一些从未有人涉足的无人岛，这份工作比起上班要辛苦得多，也危险得多，但她却乐此不疲。

在人生的岔路口，她选择追随自己的内心，摒弃不喜欢的生活，坚守热爱，迎来了自己生命的高光时刻。

谈及为什么热爱水下拍摄，她说："水下世界太安静了，你唯一能听到的就是自己的呼吸和心跳声。那些在嘈杂的陆地很难察觉的细微的情绪变化，到了水中都被无限放大，让人产生强烈的自我感知，可以不受打扰地向内探寻。"

对自我的认知和专注，是做水下摄影师最吸引周芳的独特之处。既探索世界，又能认识自我，"潜行"是周芳认定的下半辈子的生活方式。

当你有了真正喜欢做的事，这辈子无论如何也要把它做成的时候，你就会有前所未有的勇气，在任何情况下，你都会感到充实和踏实。

你的热爱，定义了你和你的生活。找到热爱的事，就相当于找到了最适合自己的生活方式。

人这一生最幸运的莫过于做自己喜欢的事,并以此谋生。但并不是所有人都拥有这份幸运。当我们热爱的事情还不足以养活自己的时候,不妨参考周芳的思维方式,先用工作供养热爱,等条件成熟,再伺机而动。

03

乔布斯说过:"成就大事的唯一方法就是热爱自己所做的事。如果你还没有找到热爱的事,继续找,不要停下来。"

那么,我们如何找到或培养自己热爱的事?

(1)勇敢尝试,不断行动

热爱的本质,就是通过不断尝试和寻找,与你的天赋相遇。

热爱的事可能不会一下子就找到,你得多番尝试和探索。

很多时候,你在一个方向上努力了很久,仍然反响平平,换个方向,却可能突飞猛进。在各种尝试中,你或许会发觉自己的天赋之处,与它建立深度联结,将它做到极致。

先从自己不讨厌的事情开始,不讨厌就有喜欢的可能。然后不断尝试,挖掘那些你做起来发自内心地感到轻松和快乐、比旁人做得更好,且能长期坚持做的事情。

我曾看到过一名著名室内设计师的独白,她说:"我学过发型设计,做过模特,做过演员,也做过服装设计,甚至做过调酒师、DJ(唱片节目主持人)。后来发现,这些我好像都不太喜欢。我发现我想当一名室内设计师,学服装设计到一半,我就换过来了。人应该潇洒一点,不要看过去。我要告诉所有的年轻人,找到你自己的热爱,越早越好。"

或许你暂未找到天赋之处——毕竟并非每个人都那么幸运,能与自己的天赋相遇。但你可以顺应自己的特质和优点去做事,热爱会在持续的行动中被你培养、塑造出来。

音乐制作人李宗盛曾说:"二十出头时,我完全不知道人生会是什么样子。好在我开始弹吉他,我通过吉他来跟时代对话,通过这个东西来实现存在感。"

吉他让他走上了写歌、唱歌的道路。后来经历事业低谷、婚姻不顺,他写歌少了,便决定成为一个吉他木匠。

他去深山拜访琴师,从选料到琴身设计,再到后期制作,潜心学习每一道工序。吉他就像他的避风港,也成了他下半生的事业、一生要坚持的热爱。

热爱来自孜孜不倦的行动,而非空想。

不妨将人生当成一场体验,你会发现,很多事情可以在一步一步做的过程中,变成自己热爱的事。

(2)愿意投入时间

热爱是需要时间来验证的。爱,是一时心动;而热爱,是一直心动。

所以在这个过程中我们还需要不断投入时间,刻意练习并取得阶段性成果，以此建立正反馈来增加信心，这样才能走得更长久。

导演饺子在初中时就迷上了漫画。高考时为了就业，他考了药学院，但心底对于漫画的热爱从未熄灭。从大三开始，他义无反顾地自学动漫，纵使周围的人对他冷嘲热讽，他也始终没有放弃。坚持和死磕了十七年，才有了口碑炸裂、将近四十七亿票房的电影《哪吒之魔童降世》。

能够抵御时间的侵袭，克服重重困难，最后胜出的那条路，才有资格被称之为热爱之路。

（3）持续给自己或别人带来价值

对于普通人来说，热爱能极大程度上满足我们的精神需求，给自己带来快乐和滋养，是一种自我价值的体现。

我有一位写得一手好字的朋友，她练字十五年，谈及为什么那么喜欢写字，她说："练字是我最放松的时候，周遭的一切都安静下来，除了听到笔碰到纸的沙沙声，什么都不存在。看到自己喜欢的字从笔尖流淌出来，会觉得生命真是美好。"

她每天都会留出一定的时间练字，用她的话说，那是回归内心的路径。

后来她的字被更多人看到和喜欢，很多人说看她写字真是一种享受，也有人说自己也想写出那么好看的字。她便顺势而为，教别人写字，收取少量费用。报名学写字的人络绎不绝，有小朋友，也有成年人。

不知不觉中，她影响了很多人爱上写字，帮助他们纠正不良姿势和字体，让他们领略到汉字之美。这些美好浸润到生命之中，让她看到自己的热爱带给别人的价值。

我们在坚持做热爱的事情时，不妨思考一下它是否能帮助别人，能否为别人带来价值。

当你将自己热爱的事做到极致，不仅能滋养自己，还能帮助别人实现价值的时候，财富也会离你越来越近。

04

这一生，找到热爱的事和找到喜欢的人同样重要。

不管你是喜欢下棋游泳，还是喜欢弹琴画画，抑或是热爱着别的什么，哪怕最终没有什么成果，也都值得坚持做下去。它可以帮你建立一种全新的生活方式，成为你的精神港湾，安放你的灵魂。

在这个满地都是六便士的年代，我们还应该抬头看看月亮。

就像漫画家蔡志忠所说："人这一辈子，不是要去换取钱财，是要来完成自己的梦想，走自己的路，其他都不值得。选择自己最喜欢的事，把它做到极致，是人生最大的快乐。"

终其一生，你要寻找的不是符合所有人的"正确答案"，而是那个让你平和地做自己的"你的答案"。

愿你能一生奔赴在自己的热爱里，无所畏惧。

真可惜你年纪轻轻,
却总想着走捷径

生活中,
我们总考虑如何抄近道、走捷径。
其实很多时候,
磕磕绊绊的路才是我们最好的选择。
因为世上并没有毫不费力就能成功的捷径,
捷径往往是最大的弯路。

01

2019 年,我罹患一种免疫系统疾病,吃了一年多激素药,体重从最初的一百零五斤飙升至一百四十多斤。我个子不矮,骨架又粗,在最胖的时候,配上一身的肥膘,显得很是"雄壮"。

尽管后来停药了,但是药物在身上的副作用依然未消除,我也未曾约束过口腹之欲,于是我顶着虎背熊腰的身材在自我安慰中蹦跶了两年,直到体检时发现患有胰岛素抵抗,才下定决心减重。

我先是在网上找到一个减脂社团,本意是讨教减肥方法。但他们承诺说只需要服用他们的产品,不节食、不运动、轻松瘦,十天之内瘦十斤,总花费大概在三四千元。

这或许是一条没有痛苦的捷径，毕竟瘦下来真是很难的一件事。但我害怕服用减肥产品会对我原本就不健康的身体造成损害。

我是一个信奉长期主义的人，心想，如果把时间拉长至三个月甚至半年、一年，我养成健康的生活习惯，慢慢且稳定地瘦下去，岂不是更好？

于是我放弃了吃减肥产品，阅读了三十多本健康减重书籍，调整了自己的饮食结构，拒绝一切重口味食物和外卖零食，每日自己做饭，一日三餐照常吃，饮食清淡且注重营养均衡，每天都摄入蛋白质、奶类、肉类、蔬菜、水果。

我还趁此机会考了"健康管理师"证书，对基本的食疗和药理有了一点粗浅的认知。

同事们看到我自己带的寡淡的工作餐，直摇头："要我每天吃这些，我宁愿饿着。"

不仅如此，为了改善体质，我每周都会煲一盅营养汤。汤谱也是从书上学的，我也由此了解了更多中药材的妙用。我还会在周末煮好姜汁，每日早晨加上冰糖，空腹兑开水喝上一杯。每日用艾草包泡脚。

其实我们平常的大部分进食都是过量的，比如消夜、甜品等只是满足了口腹之欲，而进行体重管理，每日只需要摄入满足身体需要的食物量就够了。

运动也是必不可少的。减重前期运动量比较大，我每天坚持运动两小时，以有氧运动为主，比如跑步、跳绳、打羽毛球。瘦下来十斤后，我调整运动方式，加入HIIT（高强度间歇训练），做减脂操和力量训练。

就这样日复一日地坚持下来，我的体重一点一点往下掉，肚皮上有了若隐若现的肌肉线条。

不知不觉，半年过去了，我的体重从原来的七十公斤降到了五十六公斤，我竟瘦下来了二十八斤！脸小了一大圈，以前塞不进去的裙子能轻松穿下，整个身型也更加紧致和匀称。

而今，我每日吃东西时会潜意识注意不过量，并且少油少糖少盐少辣，每天下了班会条件反射地到跑步机上跑一阵。

纵观我的减重，其实就是一天天脚踏实地地瘦下来的，关键就是"坚持管住嘴、迈开腿"。

比起走捷径，这个过程我最大的收获是，养成了更加健康的生活习惯、运动习惯和饮食习惯，体质变好了，体重也一直得以维持。

02

而和我约定一起减重的另一个姑娘后来受不了规范饮食和运动的苦，选择了吃减肥药。

她在一个月内迅速瘦下来二十多斤，委实让我羡慕了一把。可当她停药后，口腹之欲排山倒海地袭来，她的体重迅速反弹，反而比之前更胖。她慌了，只得继续吃减肥药。

长期服药对她的身体产生了巨大影响，她开始失眠、掉发、拉肚子。在父母的制止下，她停药了，体重又迅速反弹。

前前后后大半年过去，她不仅体重回到原点，身体还出现了一系列问题。

有人说:"只要人生中有捷径,捷径很快就成了唯一的路。"

对此我深以为然。

捷径走过一次,就很容易上瘾。

以后每次遇到困难,第一个想到的就是走捷径。到最后,没有捷径可走时,你会发现自己也没有其他路走了。

我们所处的是一个焦虑弥漫的时代,各大书城的畅销书里,有许多是各种速成法,手机里的知识付费平台上,排名靠前的永远是《20天成为文案高手》《1个月瘦20斤,不反弹》《100天实现财务自由》之类的文章。大家都在找捷径,想着如何快速瘦下来、如何快速致富、如何快速成功。

殊不知,所有命运赠送的礼物,都早已在暗中标好了价格。快速成功意味着捷径,而捷径往往隐藏着陷阱。

听妈妈说起邻居李叔的儿子被诈骗的经历,无限唏嘘。

这个年轻人大专毕业后换了多份工作,每份工作都没超过一年。在他的眼里,这些工作事多钱少,又累又不足以支撑自己的生活,于是他一直在寻找赚大钱的方法。

两年前,他的一个同学告诉他在南方边境做生意,风险低,赚钱还多,一夜暴富都是有可能的。同学在那边待了一年多,据说已经赚到几十万元了。他心动了,辞了长沙的工作,揣着所有积蓄去了缅北。

到了地方,他才知道自己被卖到了一个电信诈骗集团,不仅积蓄都被抢走了,每日还要被毒打和洗脑,被逼着做一些诈骗工作。

年纪轻轻的他哪里受过这样的苦，于是打电话给李叔拿钱赎人。

李叔得知这个消息，气得进了两次医院。筹钱的过程也甚是艰辛，李叔变卖了手头一切可以卖的东西，还找亲戚、朋友借了钱，历时大半年，好不容易凑齐了赎金，才把遍体鳞伤、骨瘦如柴的他接了回来。

许是在那边遭受了非人的折磨，他不敢外出，也害怕见人，整天窝在家里。

我妈每每说起都愤愤不平："好好一个孩子就这样毁了，这帮骗子真是可恶！"

我的一个前同事今年也被骗了二十万。我非常疑惑："你怎么那么轻松就掏了二十万给人家了呢？"

她欲哭无泪："我也不知道啊。我先是被拉到了一个群里，通过做任务的方式赚佣金，说是一天能赚两百块。刚开始，我的确每天赚到了一两百块，心想这钱也太好赚了吧。一段时间后，我被通知说我进阶了，可以赚金额更高的佣金了。然后就接到了他们的电话，我就稀里糊涂跟着电话那头一顿操作，钱就一点点转出去了。等我反应过来，二十万已经没了……"

除了上述骗局外，网络上还充斥着境外高薪骗局，以招聘的名义行骗，让人防不胜防。

据调查，所有被骗的人中，三十五岁以下的年轻人占了 80%。

为什么他们容易被骗？因为他们想走捷径。

只要你想走捷径拿高薪，只要你想走捷径发大财，只要你想走捷径一夜暴富，无论你是什么年纪、哪种职业，都很容易上当受骗。

捷径无疑是看似平静、实则暗藏礁石的深海，一心想要通过捷径获得成功的人最终会无路可走。

就像索尼公司创始人盛田昭夫所说："所有我们完成的美好事物，没有一件是可以迅速做成的，因为这些事物都太难、太复杂。"

03

我想起电影《成长教育》中的女孩珍妮。她在十六岁时就期待被自己梦想的牛津大学录取。

一次偶然的机会，她遇到了富裕、绅士、有气质的大卫。大卫看上了珍妮年轻貌美，跟她谈恋爱，带她去高档餐厅吃美味的食物，给她买漂亮又昂贵的衣裙。

这是珍妮从来没有过的体验，她尽情享受，越来越依赖大卫。很快，她就沦陷了：原来不用辛苦地考学也能过上优渥富足的生活。

她以为自己幸运地得到了通往美好生活的门票，放弃了学业，成绩一落千丈。

订婚那天，她才发现原来大卫是有家庭的，而自己只是他养的一只金丝雀。

珍妮选择的这条捷径，无疑是条弯路，无法带她抵达她想要的有尊严的生活。

好在她最后及时醒悟，重新一步一个脚印地踏实努力地学习，重拾梦想。

她付出了几倍于常人的努力，终于收到了牛津大学的录取通知书。她重重舒了一口气,终于领悟唯有几近笨拙地脚踏实地地努力才能抵达梦想的彼岸。

人们年少时免不了有急于求成的心思:想迅速成就一番宏大事业,到达某个不凡高度,见识某种非凡人生,却终归少了些稳扎稳打的气定神闲。

生活中,我们总考虑如何抄近道、走捷径。其实很多时候,磕磕绊绊的路才是我们最好的选择。因为世上并没有毫不费力就能成功的捷径,捷径往往是最大的弯路。

人生没有白费的努力,也没有碰巧的成功,只有脚踏实地的人,才能被好运加冕。

下面分享日本著名设计师山本耀司的一段话:

我从来不相信什么懒洋洋的自由,

我向往的自由是通过勤奋和努力实现的更广阔的人生,

那样的自由才是珍贵的、有价值的。

我相信一万小时定律,

我从来不相信天上掉馅饼的灵感和坐等的成就。

我要做一个自由又自律的人,

靠势必实现的决心认真地活着。

认真生活，
做自己人生的输出者

> 不妨偶尔把野心置换成认真生活的心意，
> 幸福的人生不过如此，
> 有时乘风破浪，有时岁月静好。
> 我们真正拥有的，
> 只有当下无数个瞬间。
> 人只有深入生活中心，
> 才能感受到自我，
> 才能输出自我存在的价值。

01

"只有一个办法——用力地认真生活，不要蜻蜓点水，否则你永远只是个消费者。如果你用力地认真生活，你就可以成为一个输出者。"

访谈节目里，当被问及"您得下多大功夫，才能琢磨出这么多好吃的东西，知识储备还这么巨大"，陈立教授的这一席人间清醒的发言令我醍醐灌顶。

他被称为"行走的百科全书",是多领域专家,研究过人类学、历史学、心理学、两岸关系等,其博学程度令人咋舌。

老爷子还是个地地道道的美食家,是《舌尖上的中国》总顾问之一,会做一种陕西面食,且做得极好吃。

从陈立教授身上,我看到了成功者普遍拥有的一种特质,就是如他所说的"用力地认真生活"。

"用力地认真生活",朴素的道理,直击人心。

在这个普遍追求速成和捷径的消费时代,一个人只有深入生活的每一个缝隙,立足于日拱一卒的精进,认真生活,让自己成为输出者、创造者,才能感受到自我价值,活出精彩丰饶的一生。

反之,如若是蜻蜓点水,浅尝辄止,没有真诚和敬畏心,没有深刻的浸润,你将始终是索取者、消费者,也就无法产生有价值的输出,无法领略人生的真谛与美好。

02

陈立教授的一席话,让我想起偶然间在图书馆读到的一本文艺而独特的食谱——《饮膳札记》。

说它独特是因为,这本食谱其实读来更像是回忆性散文,不仅记录着十九道家常菜的做法,还记录了与每一道菜相关的人物、故事、宴客时的心情以及对与客人、亲人对谈的留恋与怀念。

作者是作家林文月。她除了是翻译家,还顶着散文家和学者教授等众多头衔。

可我还是觉得她首先是个风味独特的美食生活家。

她在书里说:"煮饭不是为了应付生活,而是能获得满满的成就感。"

她二十五岁之前从未进过厨房,结婚后才决定下厨,从此一发不可收拾。

红烧蹄参、椒盐里脊、荷叶粉蒸鸡……她细细记录它们的做法工序,像对待艺术品一样用时间去打磨以臻于完美,从中感受到了极大的乐趣。

学生们曾夸她进菜市场的风雅就像夹着讲义进课堂,做菜和做学问一样认真。不仅如此,她说:"为了避免重复以同样的菜式款待同样的客人,我用卡片记录每回宴请的日期、菜单,以及宾客的名字。"

原来生活可以有如此另类的优雅。

其实只是多花一点心思,细细地做着自己喜欢的事,即使只是一菜一汤的普通日常活动,也能从中获得莫大的幸福感和满足感。

厨房的门正是通向生活的门,能以饮食之心过滋味生活,这是接地气的可爱。

林文月也从不囿于教授、翻译家、作家、学者等身份的束缚,她深知生活与名望、学识、权位之间,永远隔着一道厨房门,而她愿意躲在门的这一边,用油烟机抽掉呛人的世俗气味,留下美妙的生活味道。

她说:"我这人有一个不同的地方,就是常常把责任、工作弄到后来变成一种享受。做家务清洁,我当成运动,把家变得可爱,就很有成就感。我对人生、世界一直充满好奇心,永远有兴趣去发掘。即使累一点,也很快乐。"

人生里很多东西,本该是辅佐生活的,却常常捆绑了生活。

林文月学会了从捆绑中挣扎出来,她把文人学者所谓的不近庖厨置换成了认真生活的心意,对待生活和对待学问一样一丝不苟。

而这种认真生活的心意又反哺她的文字。她是生活的输出者、缔造者,她的作品输出的就是她精心烹制的原汁原味的人生。

每个人的一生,就像供奉一座小庙。有的人供奉的是物质,有的人供奉的是人性,而有的人供奉的,是生活。

03

我在妈妈身上也看到了这种认真生活的心意。

父母在生下我后便带着我离开农村老家,去另一座城市讨生活,因此我们家经常居无定所,幼时最频繁的记忆就是搬家。我们住过土砖瓦房,住过木板房,也住过用薄薄的预制板搭起来的房子。

到底不是严丝合缝建成的居所,冬天,刺骨的寒风从缝隙钻进屋,冻得人骨头疼,下雨天,免不了拿上家里所有的锅碗瓢盆接漏进屋的雨水。

后来又有了弟弟。不管生活多么艰难,妈妈都坚持把我和弟弟带在身边。

文化程度不高、无一技之长,又无人帮衬的夫妻俩在异乡养活两个孩子，可想而知日子有多艰难。

但我从未听妈妈抱怨过。

不管家里拮据到什么地步，搬入什么样的房子，家里永远被妈妈收拾得一尘不染，我和弟弟身上的衣服也永远干干净净。

她的衣裙虽然旧，但是永远搭配得体而整洁。她的声音也常常高亢清脆，整个人的状态不见丝毫破败和颓丧。

她说："不管过得怎么样，都一定要收拾好自己，要干净整洁。"

妈妈有一双巧手，我们的毛衣都是她织的，上面有好看的花纹图案；破旧的布条在她手上能变成好看的头饰，幼时其他小女孩都羡慕妈妈给我扎的每天不重样的辫子和戴的各种漂亮头饰。

那时有好几年，我们都住在城市的郊区。无论搬到哪一处，只要屋前有空地，妈妈总会将其开垦出来，带我们种菜，夏有黄瓜番茄，冬有萝卜白菜。

在春天花开的季节，妈妈收集的那些瓶瓶罐罐成了不同种类的花瓶，有的插了几支映山红，有的插了几束野雏菊，有的插上两三支冒着嫩芽的树枝条儿，还有的插了好些叫不出名字的花儿。

每当放学回家，看到如此简陋却生机盎然的家，看着灶台前认真忙碌的妈妈，便觉得平淡拮据的日子也泛着柔光和暖意。

妈妈还很擅长精打细算，总能把家里仅有的食材搭配做出各色菜品，相对地保证了营养均衡。我和弟弟在她的照顾下，比起同龄的大部分农村孩子更健康和高挑。

她说，每次做家务的时候，并不觉得多么枯燥，反而特别认真享受每一个劳动着的当下。

那时虽是清贫的时光,但因为有一个团圆的家,有一位热爱生活的妈妈,我觉得生活无时无刻不散发着温馨幸福的气息。

我从爸爸身上学到的,是勤奋改变命运;从妈妈身上学到的,则是无论身处何种境地,都不放弃生活的希望,永远活得热气腾腾。

如此看来,认真过好每一个当下的妈妈,又何尝不是一位生活的输出者?

她的这份认真,为我输出了幸福的定义——

所谓幸福,不是锦衣玉食、车马盈门,而是用一种对自己负责任的态度去生活,认真对待生活里每一个琐碎的当下,把日子过得从容不迫,活色生香。

幸福不是目标,是好好生活的结果。

生活也不会永远只有一种模样。能否被生活温柔以待,取决于你以何种态度对待生活。

04

在这个快节奏、碎片化的时代,我们好像已经习惯了"假装生活"。

此前的很多年,我每天睁开眼后,就不间断地工作,一日三餐都被外卖承包了,家里永远乱糟糟的,更不用说去体会日升月落的温柔,和读书煮茶的闲适。

今天过得像昨天,今年过得像去年,好像越来越忙,活得越来越潦草。

直到这两年生了一场病,我才开始放慢脚步,专注当下,不断潜入生活的最深处,学会了在日常生活中找到治愈自己的小事,读书、写作、运动、种花、做饭、洗衣、拖地、收拾屋子……这些在潜移默化中帮助我建立了内心的秩序。

用心对待生活后,我逐渐感受到生活回馈给自己的秩序感、稳定感和幸福感,也才明白所谓的"质感",其实就是由生活中一些琐碎的小事组成,可以是窗外的那片绿、手中的那本书、灶台上的那锅汤,或者花瓶中那株跳舞兰。

生活里的这些温暖日常,让我感知到生命的能量。用自己的方式不断获得疗愈,这就是生活的意义。

沉浸式生活的人,总能被生活治愈。

在生活中安顿下来,是一种很重要的能力。认真过好每一天不是空话,而是实实在在的、最朴素的生活智慧。

不妨偶尔把野心置换成认真生活的心意,幸福的人生不过如此,有时乘风破浪,有时岁月静好。我们真正拥有的,只有当下无数个瞬间。人只有深入生活中心,才能感受到自我,才能输出自我存在的价值。

就像苏轼的诗所言:"且将新火试新茶,诗酒趁年华。"把握当下,在一蔬一食、一晨一暮中体味平凡但炙热的生活。

生活本身就是一个能量体。希望你也能用心回归生活,探索每个瞬间所蕴含的力量。回过头时,你会发现自己原来走过了那么多温暖充实的更迭四季。

你最该有的野心，
是拥有随时离开的能力

> 真正成功的职场人，
> 不是有着看似永远不会被他人取代的岗位，
> 而是一直拥有选择职业、随时离开的能力。
> 有离开的能力，
> 才有选择的底气。

01

我的一位高中同学小冉，大学毕业后留在了武汉，顺利进入一家房地产国企工作。

那些年，房地产行业欣欣向荣，可谓高薪厚职，财源滚滚。周围的同学都羡慕她找到了一个让生活富足的"金饭碗"。

她隶属工程管理部门，负责公司开发项目的档案资料管理和安全管理，日常除了勘察、监理项目的工程质量和安全问题，就是做项目图纸、资料文件的整理和归档。工作内容不算繁重，她得心应手。

两年后，她在微信上告诉我："我大概率不会离开这家公司了，打算在这里干到退休。"

我忍不住提醒她："现在说这话为时尚早吧，你的人生才刚刚开始呢，还是可以不断精进，多看看机会。"

她发了一个"no"的表情，并说："我们是国企，又是地产行业，待遇福利都很不错，公司人员结构稳定，多少人削尖了脑袋想进，外面不见得有比这更好的机会了。"

见她坚持，我也就没再多说什么。

她在那儿一干就是十年。

原以为她在公司已经如鱼得水，至少是高管级别了，但后来她在电话里说："没想到金饭碗也有被融化的一天，我被裁员了。已经是第三轮，终究还是没躲过。"

早在2021年，她的公司就有过一波机构改革，合并了一些部门，有些员工面临调岗和降薪，小冉就是其中的一员。

后面两年，在房产市场整体下行的背景下，公司状况不甚乐观，业绩不及预期，不得已需要裁掉一部分员工。

公司裁员后不再补缺，在待遇福利大幅缩水的情况下，留下的员工要承担更多的工作。

"那个时候你没想过跳出去吗？"

"我也想啊。但这些年我的工作很单一，也没什么别的技能，感觉自己都待废了，出去不知道能干什么，哪敢离开啊，所以就抱着侥幸的心理祈祷公司能渡过难关。结果却等到了裁员通知。"

前些年朝九晚五的工作节奏，以及身边安逸的工作氛围，已经让她习惯了待在舒适区，盯着自己一亩三分地的分内之事，未曾学习额外的知识,也没有兴趣了解这个时代层出不穷的新生事物。国企常有一整套烦琐的报告报表和流程,这些技能很难迁移到外面。这就造成了她目前的职业困境。

三年疫情,对每个行业、每个企业、每个人都产生了巨大的影响。疫情过后,整个社会都在经历一场变革。

现在的社会,已经没有什么稳定的工作。真正的"铁饭碗""金饭碗",不是国企,也不是体制内,而是能紧跟时代脚步、脱离任何平台之后依然可以谋生的能力和本领。

终身学习、让自己保持随时离开的能力,才是面对这个多变时代的唯一选择。

02

我曾经看到过这样一句话:"牛人越来越不需要企业,而企业越来越需要牛人。"

这意味着,当你成为一个领域的专家,你的长板足够长,你的不可替代性就越强。

不可替代性意味着,你专业过硬,有超强的解决问题能力,能成事,是老板依赖的人;同时,你具备独特的个性和思想,能为公司创造新的价值,是老板敬重的人。

我想起多年前审计过的一家公司的财务总监蔺总。彼时公司还未上市,他也还不是总监,只是一个普通的财务主管。

他是江西财经大学会计系的本科生，在校期间就开始考注册会计师证书。毕业后工作的七年间，他除了认真工作，积累经验，还先后考取了注册会计师、注册税务师、中高级会计师、注册金融分析师等证书，可见背后的付出是多么艰辛。

入职这家拟上市公司后，他发现这家大规模制造企业的数据处理工作庞杂，于是他又深入学习编程，设置了一系列数据处理模板，大大提高了数据整理的效率和精确度。加上他对财务管理有独到的见解，领导们对他赞不绝口。

后来因为公司内部的钩心斗角，他愤而离开了这家公司。

半年后我随团队再去审计，却在这里重新见到了他。彼时，他的职位已经升到财务经理。

原来，他离开后，公司招的财务经理的专业能力和综合能力都不如他。正值上市的关键时期，时间紧，任务重，公司只好将熟悉各项业务的他重新聘请回来，整顿了内部环境，还许诺公司上市后他能得到一定份额的股权。

数年的艰苦努力后，公司终于在创业板上市，他也荣升财务总监，得到了股份，身价暴涨。他一度成为我们财务从业人员口口相传的榜样人物。

说到底，一个人最核心的竞争力就是他的专业能力。

人生是一场马拉松，而不是一场短跑，持续充电比赢在起跑线更重要。

当你持续学习和充电，潜下心来把一项技能做到了行业顶尖水平，你就有了不可替代性，迎来真正的平等和尊重，也拥有了随时离开的能力。

有离开的能力，才有选择的底气。

03

在职场的这些年，我总会问自己几个问题：

眼前这家公司有破产的风险吗？

我的工作是否会被轻易取代？

我会一辈子从事这个职业吗？

除了这个职业，我还有其他技能吗？

离开了现在的岗位，我靠什么存活？

这些问题迫使我不断地思考和寻找答案，也促使我时刻保持清醒和危机感。

后来，我重新捡起年少时的兴趣和梦想——写作。在做好主业的同时，我将业余时间全部投入读书、学习、写作中。

我写公众号和杂志约稿，写商稿，写采访稿，写文案，写小说，开课，做自媒体等，慢慢地出了一些成绩。写作成为我的副业，我通过写作拥有了第二份收入，也出版了自己的书。

很多时候，我的副业收入比主业高得多。

今年，我所在的公司效益断崖式下滑，公司为了缩减各部门预算，将不少员工进行裁员和调岗，我和部门另一个同事被调到跟我们的专业完全无关的岗位，待遇不变。我每日在工位上如坐针毡，无意义的空虚感排山倒海般袭来。

思虑再三，我决定告别不喜欢的工作，却因为高龄备孕而先一步收到公司的劝退通知。于是我顺势离开了这家公司。

我终于可以无所顾忌地做自己真正热爱的事。我成为一名自由写作者，开始思考个体创业之路。

我很感谢多年前做出写作的决定，让我的人生有了另一种可能。

而和我同时调岗的那位同事，也辞职做起了视频拍摄。她接一些商拍，也帮家庭、企业、个人制作短视频，已经在和朋友筹备开一个工作室。后来我们聊天才知道，她下班后自学拍摄和剪辑已有三年，自媒体平台上的粉丝数已有数十万。

她说："我其实早就想离开了，这次调岗让我终于下定了决心。"

职场上的中年人，尤其是那些在高考时未能选择自己心仪专业的人，如果在本专业打造不可替代性太难的话，经营副业就是必选项。

毕竟，时代的一粒灰落到个人的头上，就是一座足以将自己压垮的山。预备一套B计划，发展一技之长，人生便会多一种可能性。

孔子在《论语·为政》中说过："君子不器。"意为君子应博学多才，可胜任各种工作。孔子就精通礼、乐、射、御、书、数，即使不当老师，也能胜任其他工作。

我们不妨在做好主业之余,根据兴趣爱好,或者根据主业的延伸链条,开创一份副业,哪怕一开始,只当作是一种学习、一个精进的契机。

当这份副业不仅能成为修身养性的"后花园",还能带来经济收入,开启一个全新赛道,职场中的打工人就拥有了一种随时离开的能力和底气。

04

我们所处的时代,环境更替迅速。若你过于依赖某个平台、某个人,一旦社会结构改变,你很有可能陷入困境。

过于安逸的工作氛围就像温水煮青蛙,将你面对未来的激情和拼劲儿一点点消磨殆尽。

真正成功的职场人,不是有着看似永远不会被他人取代的岗位,而是一直拥有选择职业、随时离开的能力。有离开的能力,才有选择的底气。

如此,你便能将话语权牢牢握在自己手上,过自己说了算的人生。

畅销书作家李尚龙也曾说:"这个世界每天都在变,所谓的稳定根本就不存在。无论在哪儿,请保持可以随时离开的能力。"

"离开"虽然是一个悲伤的词,就这方面而言,却恰恰是幸福的关键。

而"能力",就是你的翅膀。翅膀硬的人,才能决定自己人生的方向和高度。

不必焦虑，
人生总是在转弯

> 一件事情的成败，
> 很多时候并不在于起点，而在于拐点。
> 这个世界上，
> 也没有一条路可以直达终点。
> 永远保持思维灵活，
> 在该换道的时候转换方向，
> 前路才能柳暗花明，豁然开朗。

01

我一直以来都非常喜欢方文山写的词，他的词总能唱出中文那冠绝世间的婉约大气之美。

此前读到方文山写的一本书《天青色等烟雨》，里面的歌词注解和诗意生活让我爱不释手。他还在书里讲述了自己的创作经历，我印象最深的是他说的一句话："梦想其实是可以转弯的。"

早年间，他有一个电影梦。

然而，当时他费尽力气也无法挤进电影圈。后来他转换思路，用文字结合音乐去说故事。

有人曾评价，在表达中文之美时，方文山是不输李煜和李商隐的。

可即便才华出众如他，也有过很长一段挫折和失败的经历。他曾创作了一百多首歌词，将它们寄到各个唱片公司。三个月后，只有吴宗宪回复了他。

好不容易进了音乐公司，在参加填词比稿时，他却从未赢过，甚至做成的demo（录音样带）都被一一退稿。

后来，他苦心研究几百首歌词的结构、韵脚、记忆点和副歌，用写小说才会用到的全知观点去写歌词。

在写《上海一九四三》时，他花了很多功夫去查资料，去了解那个年代上海的风土人情和历史典故，将那个时代的背景置于歌词中，完美地呈现了整首歌的年代感和画面感。

此后的每首歌，他都会用同样的方式，反复琢磨韵脚和画面感。

正是数年如一日用心地钻研和尝试，他开创了别具一格的方氏"素颜韵脚诗"，才有了那么多完美的词和他本人的声名鹊起。

他积累了信任和才华，也获得了许多人脉资源。他学习创作剧本，编剧和执导了电影《听见下雨的声音》，成为一名电影导演。

他通过写歌词转了个弯，迂回地实现了自己的电影梦。

当有些事情用了很多努力都无法推进时，或许就是在提醒你，该转弯了。

对不遗余力付出的人来说，梦想只会迟到，但绝不会缺席。梦想不能直线抵达的时候，能成就梦想的，是背后的转弯力。

我从小有一个写作梦，立志在大学时念中文专业。长大后我却成了一名会计师，但成为作家这个梦想一直在我的心底蠢蠢欲动。

在学习和工作之余，我几乎把所有时间都用在了阅读各类书籍和练习写作上。

而财务工作，不仅没有成为我实现梦想的阻碍，反而成为我提升写作能力的助力。平日工作中财务、数理方面的逻辑思维和思考角度，成为我写作逻辑和思维模式训练的一个重要突破口。

工作中沉淀的职场经验和人际技能，为我写财经文和职场文积累了良好的素材。职场之于写作，其实是另一层次的修行。

后来，我出了书，至今仍走在写作的路上，总算是抓住了梦想的一小片衣角。

人生中，两点之间最短的不一定是直线距离。

通往梦想的方式有很多种，懂得变通、学会转弯，有时候或许是最有效的方式。人生没有白走的路，每一步都算数。

02

前些日子，朋友小梦和男朋友吵架了，来我家小住。

他们交往了十年，我已记不清这是她和男友第几次大吵。

她的男友酷爱打游戏。前几年他频繁换工作，中途还荒废了一年多没有工作，全靠小梦的工资撑着。他还曾经因为小梦弄坏了他的游戏机而对她大打出手。

她也知道他缺乏责任感和上进心，但她始终放不下这十年的点滴付出。她常说:"我相信他以后会改变的,毕竟我在他身上付出了这么多心血。"

于是她一直死撑着不肯放手,在这段感情中伤痕累累地等着对方。

在一段不适合的恋爱中,执念是幸福最大的绊脚石,看似深情的坚持却可能成为人生最大的弯路。

因为舍不得放弃,未能及时止损,他们无法碰到更好的人,也看不到转弯后更美的风景。

有的人深谙放弃的智慧,懂得适时转弯,为自己的人生开创了另一种可能。

我认识了一个文友,后来才知道我俩是同行。

她本科学的也是会计,毕业后真正工作了,才发现自己实在不喜欢与数字纠缠,每天上班对着一堆凭证和报表如坐针毡。

如若放弃,意味着大学四年在专业上的努力将付之东流。于是她每天都在放弃与坚持中纠结,甚是痛苦。

她热爱写作,自媒体也做得很不错,于是几番思虑过后,她不再内耗,辞职全身心投入写作。而今她在自媒体圈小有名气,连续出版了两本畅销书,开了写作课,课程销售成绩喜人,一上线便卖出好几万份。

她放弃了自己不喜欢的工作,通过写作实现了个人价值跃迁。

比起创造人生的另一种可能性,我们似乎更容易陷在过去的投入成本里,不愿放弃而承受损失。

从小到大,我们受的教育都是"坚持就是胜利""永不言弃""一条路走到底"。但很多时候,我们也需要学习放弃。

放弃不合适的人,放弃消耗我们的事,放弃错误的方向。

电影《卧虎藏龙》里有一句很经典的话:"当你紧握双手,里面什么也没有;当你打开双手,世界就在你手中。"

懂得放弃,是人生最大的转弯,由此才能弯道超车,看到更高更美的风景;及时止损,才能避免将有限的生命浪费在纠结的痛苦上。

03

前些天在读一本书时,书中的一个故事让我大受启发。

二十世纪五十年代,香港一家塑胶厂独创出一种塑料花,投入市场后大受欢迎,塑胶厂因此赚了个盆满钵满。

这让同行分外眼红,好几个人拿着相机偷拍这家塑胶厂破旧的厂房和设备,想以此做文章来整垮塑胶厂。

第二天,各家报纸都刊出了破旧的厂房和设备的照片,还附文:"跟这种小作坊式的破旧厂家合作,你们也放心?"

很快,许多客户临时违约,大量的塑胶花积压在仓库,资金周转不开,工厂面临前所未有的困境。

所有人都心急如焚,唯有厂长淡定自若地说:"不出两天,我定能将积压的产品清空。"

过了两天,一大批塑胶花经销商果然来到厂里,为单方面违约道歉,并且还增加了订货量。

花满为患的仓库瞬间空空如也,产品供不应求。

面对下属们的疑惑,厂长微笑着解释道:"这两天,我拿着刊着咱们旧厂房照片的报纸,带上我们新厂区的规划图,拜访了二十多家经销商,对他们说出了今天刊登在报纸上的话。"

下属们将信将疑地找来当天刊登的报纸,报纸上依然是旧厂房的照片,只是配文变成了:"即使是在这样破旧简陋的厂房里,我厂仍然能生产出供不应求的产品。那么不久的将来,当我们的新厂区投入使用后,你们会经销什么样的产品呢?"

当危机来临时,让思维方式转个弯,就能把劣势变为优势,化危机为转机。

有个词叫"鲨鱼效应"。

鲨鱼没有鳔,这对作为水下生物的它来说是个劣势。鲨鱼为了不使自己下沉,就得不停地游动,长此以往,它的身体肌肉越来越强壮,体格也越来越大,终于成为"海洋霸王"。由此,它的劣势便转变成了优势。

在遭遇劣势时,当你拥有了转弯思维,顺应"鲨鱼效应",你会发现,这世上没有绝对的劣势。

很多时候,优劣都只是相对的。当你能转换思路和角度,便能从劣势中看到优势,从危机中发现转机。

04

《易经》里说:"曲成万物而不遗。"

天地万物都是迂回曲折的,人生其实并不存在绝路。走不下去的时候,切莫钻牛角尖,不妨转个弯,看淡得失,善待自己,以不变应万变,总能绝处逢生。

《超级演说家》第二季总冠军刘媛媛在演讲时说过一句话:"命运给你一个比别人低的起点,是想告诉你,让你用一生去奋斗出一个绝地反击的故事。"

当一些人在抱怨原生家庭不好,工作不如意,起点不够高的时候,另一些人却在默默努力,在拐点一举冲刺,弯道超车,杀出重围。

一件事情的成败,很多时候并不在于起点,而在于拐点。这个世界上,也没有一条路可以直达终点。永远保持思维灵活,在该换道的时候转换方向,前路才能柳暗花明,豁然开朗。

人生处处有弯道,愿你既有前行的勇气,也有转弯的智慧。

当所有流过的眼泪，
都变成钻石

> 人要重塑自我，要走向完整，
> 必然经历拉扯和痛苦，
> 因为成长离不开人生的解构和重建。
> 但一切苦痛和艰难，都会指向新生，
> 每个人生低谷都是绝佳的成长时机。

01

和栀子相识已逾五年。这五年，恰逢她人生中最动荡悲怆的年份。

与她初识是因为一场关于读书的直播，她在我的直播间中奖了一本书。

巧的是，她所在的小区离我的居所仅一街之隔。因着给她送书的契机，我被邀请去她家坐了坐。

二十七八岁的姑娘，明媚温柔中带点文艺气息，喜欢读书和绘画，有一个可爱的三岁女儿。房子不大，却设计得别具一格，空间利用率高且处处体现她独特的审美。

后来才知道，栀子在一家装修公司做室内设计，她的丈夫是一名装修技工，平日会接一些外包的活儿。家里从设计到装修，都是他们亲力亲为。

她妈妈偶尔过来帮她带带孩子。

总的来说，这是一个幸福的小康之家。

有时候，你不得不感叹，现实生活远比电视剧狗血得多。顺遂的人生，前面也会埋伏着地雷，在不经意间炸响。

不久，栀子的丈夫骑车回家途中遭遇车祸，颅内损伤，深度昏迷，在ICU（重症加强护理病房）抢救尚未脱离生命危险，预计后续还需多次手术，手术费用将是一个无底洞。

屋漏偏逢连夜雨，当时她供职的公司陷入了一场危机，资金链断裂，被多家银行和供应商告上法庭，发不出工资，濒临倒闭，她也面临失业。

老公倒下后，所有的重担落在她一个人的肩上。

为了支付高昂的医药费，她几乎掏空了家里的积蓄，又觍着脸找亲戚朋友借了一圈，加上保险公司赔付的二十万，尚有近二十万的缺口。走投无路之际，她只得借助公益筹款平台请求公众捐款。

我抽空去看了她一次，枯槁的面容、红肿的眼睛，再也不见了初遇时的明媚模样。

我抱了抱她，下一秒她泪如雨下："为什么这样糟糕的事情都发生在我的身上？我老公那么好的一个人……"

一时间，我不知道该说什么，任何安慰的话此刻都显得苍白，只得拍拍她的背，让她酣畅地痛哭一场。

那天哭完后，栀子挤出一个微笑："这些天我在孩子面前都不敢流眼泪，今天终于痛痛快快哭了一场。我把孩子送到她外婆家了，接下来我要好好地陪我老公打赢这场仗。"

她索性辞了那份拿不到工资的工作，为了丈夫的病全力奔走。

好在先前积累了一些客户，丈夫那边也有一些资源，她有空时就接一点室内设计的私活，赚点家用。

她说："我现在不去想过往该如何，也不去想将来会怎样，先踏踏实实把每一天度过去再说。"

02

或许是上天垂怜，栀子老公的病终于有了起色，经过几次抢救后，转入普通病房。

在她的精心照顾下，老公一天天恢复。

一个半月后，她老公终于出院了。脑损伤导致他的整个右臂和右手都出现了行动障碍，接下来就是漫长的康复训练。

后来某一次，她在电话里告诉我："当时医生说，如果半年后还不能恢复，右手可能就留下永久性后遗症了。但我老公他不甘心，一直铆足劲儿咬着牙坚持做康复。好在九个月后，恢复了八成，虽无法恢复到之前的状态，但对工作也没有太大的影响。"

说这些的时候，她语气轻快，有一种劫后余生的喜悦。那一年多时间里，她先后遭遇丈夫病危、失业的双重打击，再加上沉重的外债、捉襟见肘的生活、前景未知的康复训练，真不知她是怎么独自撑过来的。

之后，他们开始重建被命运打乱的生活，也更加珍惜彼此。

但就在他们开始新生活不久，命运又给了栀子重重的一击。

她六十五岁的妈妈突发脑梗死，被送往医院时已经不省人事。经查，颅内已出现大面积梗死，医生连夜下达病危通知书。

彼时，栀子刚过完三十岁的生日。

真是悲惨！前两年的遭遇带来的元气大伤尚未恢复，命运竟残忍到不给她任何喘息的机会。

妈妈勉强撑了两日，在栀子的痛哭声中与世长辞。

这个时代大部分三十岁左右的女孩，还承欢在父母膝下，最大的烦恼，无非是婆媳关系、孩子调皮，抑或是选哪个男人，换什么工作。

可生长在单亲家庭的栀子，却是直面生死，亲人离散。

她在电话里泣不成声："我应该多关心她的。五年前她就得过一次脑梗，我怎么就没当回事呢？我永远不能原谅自己……"

我心中大恸。

世间最大的痛苦和遗憾，莫过于"子欲养而亲不待"。

几个月后，我见到栀子。她一身素衣素裙，身形消瘦。

我们坐在湘江边的长椅上，她望着江面上的船只，很平静地开口：

"最后那两天，妈妈已经不行了，眼睛睁着却说不出话。我握着她的手，能感觉到她的痛苦，可她硬撑着不肯走。医生说她可能还有未了的心愿。我知道她是放心不下我，不忍心留我一个人在世上。

我多希望她能再陪我几年，我还没让她享过福呢……可我更不忍心见她那么痛苦。我在她的耳边说：'妈妈，你放心吧，我一定会过得很好的，我会很幸福的。'听到这句话，她才闭上眼睛。"

她的声音逐渐哽咽。

"世界上最爱我的那个人走了，以后啊，我得好好活着，活给她看。"她抬头望向天空，坚定地说出这句话。

"是的，一切都会好起来的。"我也相信。

03

人生的痛苦不会减少，但内心的力量，可以随着时间发生改变，毕竟成长是在一系列"崩溃、重建、向前"的动词中实现的。

栀子重新回到正常的生活，也开始思考：自己到底想要什么？能做什么？该如何度过这一生？

她心里一直有成立工作室、当独立设计师的梦想，因为她发现在公司打工的过程中，自己的创意和设计总是诸多受限。

只是在这之前，稳定的工作环境和安逸的生活状态让她始终缺了一些改变的勇气。

但这些年遭遇了这一系列变故，她突然意识到，没有什么工作是永远"稳定"的。在这个飞速发展的时代，自身技能持续精进，是唯一能应对时代变化的利器。

此时，她老公也早已重新投入工作。

她懂设计，他懂装修，从设计到装修，他们自己就可以形成一个闭环，成立独立工作室的计划在她的脑海中越来越清晰。

此外，她还积极进修各类建筑和设计课程，去各地观摩学习，工作之余不断充电。

那个蓬勃向上又明媚美好的栀子终于又回来了，她剪短了头发，温柔中带点飒爽的成熟姐姐味道。

栀子的工作室开业的那天，我到场祝贺。

她重启了人生，正式成为一名独立设计师，老公无条件支持她。

和她拥抱的瞬间，我突然有一种想流泪的冲动。饶是和她相熟，她的经历仍是顺遂生活的我永远无法感同身受的。她是如何一步步拽着自己爬出低谷的，只有她自己知道。

那天晚上，栀子的朋友圈发了这样一段话：

"人生是一场与任何人无关的独自修行。这是一条悲喜交加的路，路的尽头一定有礼物，就看你配不配得到。低潮期是一个很好的契机，帮助你开始寻求自我、思考人生。不管处于怎样的痛苦中，你都得做拯救自己的那个人。只要熬过去，所有流过的眼泪，都会变成钻石。"

如今两年过去了，她有了自己的工作团队，业务范围也从住宅设计逐步扩展到酒店、办公楼设计等。

你过去流过的所有眼泪，都会化成一条渡你的河，助你走向更广阔的天地；你过去承受的所有苦痛，都会化成坚硬的盔甲，助你披荆斩棘，破浪前行。

通过栀子的经历，我明白了这一点。

04

　　人这一生，总会面对很多不如意的事，或许遭遇一系列变故，或许工作不顺，或许感情受挫，或许疾病缠身……

　　很多时候，当下的困境或许到未来才能解决，但"一切都会好起来的"从不是一句无用的鸡汤。

　　有个朋友去年因工作压力太大而复发躁郁症，时刻处于天堂和地狱的无缝切换中，痛苦至极。

　　这让她开始审视自己的人生。

　　服药治疗的同时，她请了长假，锻炼、读书、旅行、跟不同的人对话……找寻生命的意义，一点点治愈自己。

　　归来时，她已然恢复了往日的意气风发，决定放弃不喜欢的工作，去做自己热爱的事，去完成自己年少时一直藏在心底的梦想——出国留学。

　　她说："觉得特别困难的时候，要跟着自己的心走。有时候我们是被别人的期待绑住了，当你成为你自己，一切问题都会迎刃而解。"

　　人要重塑自我，要走向完整，必然经历拉扯和痛苦，因为成长离不开人生的解构和重建。解构和重建，多有生命力的两个词啊！

　　身处低谷让你痛苦不堪，是因为那些不好的经历在瓦解曾经的你，以及你旧的认知体系，让你剥离出真实的自我。

　　但一切苦痛和艰难，都会指向新生，每个人生低谷都是绝佳的成长时机。

只要你还在接受新的思想，只要你还在学习，只要你还在努力自救，你就能跨过去。人到了最后关头，自保是本能，我从没见过哪个非常努力自救的人会无法救出自己。

所以，如果你此刻正处于低谷，这就意味着你的人生改变的时候到了。这是一个转折点，你可以停下来深入地去思考，打破原来旧的观念，直面自己，重建内心秩序。

请放心，一切都没有那么糟糕。别害怕现状，也别试图强迫自己，心平气和地做好当下的每一件小事，好好生活。

人生百年，总会有一些令你猝不及防又无能为力的不愉快发生，让你短暂停顿，去梳理过往，去沉淀自己。

也正是这些独一无二的经历，让你在今后闪闪发光的时候，感谢这些糟糕的日子，以及不曾放弃的自己。

Part 3

愿有一人，
懂你悲欢，知你冷暖

"不将就",
就能找到优质伴侣吗?

> 姑娘们与其陷在"不将就"里等待命定之人的降临,
> 不如重新思考爱情的定义,
> 调整自己对另一半的预期。
> 和对方共同成长,互相成就,
> 让彼此都能通过爱情成为更好的自己。

01

"如果世界上曾经有那个人出现过,其他人都会变成将就。而我不愿意将就。"年少时读到顾漫的小说《何以笙箫默》中的这句话,震撼于男主"非你不可"的深情和决心。

它至今仍被很多女孩奉为圭臬:只要我没恋爱、没结婚,别人催促起来,我总可以回复三个字——"不将就"。

有些优秀女孩信奉独身主义,经济独立,自得其乐,便无所谓什么将就不将就了。

但我遇到过太多向往爱情和婚姻的适婚女性,往往在二十几岁有很多人追,挑挑拣拣,名曰"不将就",到了三十几岁,追求者骤减,既慌乱于自己"大龄剩女"的身份,又招架不住周遭催婚的压力,于是盲目成婚,将婚姻过成一地鸡毛。

诚然,无论伴侣还是工作,谁都不想将就。

但你想过吗?什么才是真正的不将就?

我的一位女性朋友,今年三十五岁,国企职员,气质出众,容貌清秀,却至今单身。

每次被问到是不是要求太高时,她都会说:"我没什么要求,感觉对了就行。我想找个灵魂伴侣,不想将就。"

从二十多岁开始,她的追求者就很多。但她但凡在对方身上看到一点不合自己心意的地方,哪怕整体上再喜欢这个人也会将其拒绝。

她不是没谈过恋爱,但每段恋爱时间都不长。

在感情中,她总是拿着放大镜,时刻用一些细节评价、检验和考核对方。一旦遇到矛盾或冲突,她就容易反应过激,认为对方不是"对的人"而将其放弃。她认为这就是"不将就"。

而今,不知不觉她已经三十五岁了。看着周围的人陆续结婚生子,她慌了,开始频繁相亲,发誓今年一定要嫁出去。

生活中,有很多像这位姑娘一样的人,只凭感觉去找所谓"对的人"。认为如果对方不满足自己的感觉,跟他在一起就是一种将就。殊不知,感觉是最不稳定的东西。

就像罗翔老师所说:"如果爱只是一种感觉,那么当它遇到挑战,这种感觉很快就会消除,因为我们很容易在不同的人身上获得这种感觉。"

心理学家雷蒙德·科尼提出的"关系内隐理论"中,将爱情观分为两种类型:宿命型和成长型。

宿命型的爱情观相信爱情是命运的安排,命定之人一定是存在的,双方的灵魂刚好契合,是灵魂伴侣。而成长型的爱情观则认为好的伴侣是可以不断改变和磨合的,是可以培养的,爱情是两个人的共同成长。

前者无疑是无数女孩不将就的原因。我这位朋友显然就属于前者。

站在原地等待那个和自己各方面感觉都契合的命定之人出现,从未想过修行自己,最终大概率会失望。

02

还有一类女孩,在寻找另一半时会设下很多条条框框——身高、颜值、家境、人品等,希望他有钱又帅,最好还有一个有趣的灵魂。

我妈妈闺密的女儿,三十六岁了,前些年都用"不将就"应对家里的催婚。

做"北漂"时,她的择偶标准是"身高180厘米以上,长得帅,性格温和,不抽烟喝酒,会做饭,能给予无条件的爱和包容,在北京有房"。差一条不符,她就连面都不见,最后生生把自己"剩下"。

今年,她所在的公司效益不好,她索性回到长沙工作。在这个敏感的年纪,父母、亲戚火上浇油,她也越来越焦虑。唯恐"注孤身"的她开始在妈妈的安排下相亲,最终和一个只见过两面的男人定下了婚事。

像她这样在大城市接受了所谓眼界和格局洗礼的女孩,"中了完美主义的蛊",在年轻时心中有一杆秤,有严丝合缝的标准,不轻易妥协。但等到年纪大了,没有足够的心力对抗孤独,没有足够的勇气过"单身贵族"生活,也没有相当的魄力抵挡父母、亲戚的催婚,于是情感抉择陷入两难,开始怀疑自己先前的标准是不是定高了。

很多女孩会在感情抉择上产生一个误区:所谓不将就,代表我的潜在伴侣要符合我所有的标准和条件。

她们将爱情和婚姻套进自己设定的规则和框架里,一旦没有满足,便抽身离开,名曰"不将就"。

这其实是完全跑偏的想法。

真正不将就的爱情,一定是在感受和认知上的不将就,而不是在严丝合缝的规则下以自我为中心的需求满足。当你对长久的感情有清晰的认知,当两个人的自我认知以及对对方的认知都贴合的时候,这段感情才是真的不将就。

可是,很多女孩并不能准确地把握自己的感受,也没有完全明确的自我认知,于是,就简单粗暴地用规则和框架来简化这件事情。

于是,"不将就的爱情"最终变成了"不将就的规则"。而用规则去找寻伴侣,显然是一件不太靠谱的事情。

越是好的爱情,越是能够告诉你,其实本就没有符合所有标准的"完美先生"或"完美太太"。

03

小卉告诉我她要结婚了,婚礼在长沙举办,邀请我去。

她一直是个"颜控",对伴侣的选择有诸多标准,曾交往过的几个男友也都是高大帅气又多金。毕竟作为一名独立摄影师,是有一定审美的。

父母在她二十六七岁时就开始催她结婚生子,生怕过了三十岁就不好嫁了。但她因为不想将就,一拖再拖。

三十三岁这一年,她遇到了现在的老公。坦白说,他个子很高但体型偏胖,眼睛也小,笑起来眯成一条线,既不帅气,也不多金,完全不符合她的标准。

我笑着调侃:"你怎么突然想结婚了?说好的不将就呢?"

她倒是一脸坦然:"他确实不太符合我以往恋爱的标准。如果年轻时遇见他,我一定不相信自己会嫁给他。

"这些年,我爱过几个人。是,他们都很帅,条件也很好,每当听到外人'郎才女貌'的评价,我都庆幸自己眼光好。但久处之后,他们有的缺少责任感,有的没担当。伤过几次之后,我甚至觉得自己要失去爱人的能力了。

"直到有一次接了一个商业峰会的摄影工作,他是主办方工作人员之一,见我拎了套沉重的摄影装备,就过来帮我。

"后来接触多了,我发现他风趣幽默,待人接物也细致入微,和他总能聊到一些很深入、很有共鸣的话题,他对自己想要什么有清晰的认知,对未来也有明确的规划,还愿意懂我、包容我。是他让我慢慢看清楚了自己内心真正需要的亲密关系。在一起后,我们都在这段感情里变得更好。

"所以当他跟我求婚时,我答应了。

"其实,是不是灵魂伴侣没那么重要,将就不将就也不是看那些条条框框的标准,而是要明白自己内心所求。人都是有成长性的,要看一起携手的诚意。

"听到这里,你还觉得我在将就吗?"

她聊起老公,脸上温柔幸福的表情和对未来的期待,是我在她之前的恋情中从未见到过的。

我们总说:在感情里一定不能将就,要宁缺毋滥。

这话的确不假,怕就怕你所谓的"不将就",让你越爱越疲惫,甚至让你失去爱人的能力。

因为不爱才是将就,而真爱是互相迁就。

你当然不应该和一个不爱的人在一起将就,但可以为了爱的人降低一些标准,懂得对方和自己一样有不完美的地方,试着去包容对方的不完美,一段感情才可能有更好的结局。

04

关于爱情和婚姻,梁永安教授曾说过一段让人醍醐灌顶的话:

"现在的人,分手能力远远大于相爱能力。以前的爱情是日常生活,今天的爱情有点信仰层面了,因为再好的爱情也充满了冲突、断裂,没有信仰般的爱情的坚持,没有信任的话,很容易分离。根本问题其实还是在于两个人到底要创造一种什么生活,因为真正的爱情本身，需要对对方一种深度的理解，一种很深的价值确认。"

真正的不将就是婚恋价值观的不将就，弄清楚自己真正想要的是什么，看得见自己，也看得见对方，是接纳了彼此的不完美之后对感情双向经营的诚意，彼此融合，又互相支撑。

所以，你不要等，你要去找。

爱情的确不是一件容易的事，世上也压根儿不存在完全契合的两个人。

姑娘们与其陷在"不将就"里等待命定之人的降临，不如重新思考爱情的定义，调整自己对另一半的预期。和对方共同成长，互相成就，让彼此都能通过爱情成为更好的自己。

让双方感情长久的，
从来不只是爱情

"对的人"，
并不足以撑起浩瀚的婚姻。
遇见"对的人"只是爱情长征的第一步，
更重要的是第二步、第三步——
两人默契地处理爱情和婚姻旅途中的突发状况和危机，
一起走向幸福的终点。

01

"跟他恋爱五年，我却败给了一个哪方面都不如我的小店员！"阿妍坐在我对面，猛吸了一口奶茶，愤愤不平地说着。

"那你们分手了？"我试探地问道。

"这样的人不分，留着过年吗？"她潇洒地甩了甩头发。

她是一个漂亮、独立又好强的女孩，和当时的男朋友一起开了一家服装店。

创业初期，两个人的心思都扑在了工作上，她忙着选衣服品类、直播，他则忙着打样、联系工厂生产。她忙碌起来总会忘记吃饭，生病了也不休息，男友心疼她，于是在工作之余，还负责她的饮食起居，对她嘘寒问暖。

阿妍是个急性子，男友做事一旦没能达到她的要求，她就会大发雷霆，不断抱怨、苛责，甚至攻击，最终索性亲力亲为。后来，男友的付出渐渐变成她眼中的理所当然，恋爱的甜蜜在创业的艰辛中慢慢被消耗。

因为店面扩充，他们找了一个小店员，负责处理一些琐事。

这个小店员有点邻家女孩的气质，说话温温柔柔，与气场强大的阿妍形成巨大的性格反差。

渐渐地，她、男朋友、小店员三人之间有了微妙的变化。

在她恋爱的第六年，男友跟她开诚布公，说自己喜欢上了小店员。她最终和男友分道扬镳。

但她思前想后，仍然很难相信各方面条件都优秀甚至独当一面的自己，居然输给了哪儿哪儿都不如自己的小店员。

很多情感博主在被问及同样情况时都会提到一招：你要提升自己，让自己变得更优秀。

但在现实生活中，仅仅让自己变得优秀是不够的。女人除了提升自己以外，还要懂得经营爱情和婚姻。

02

从知乎上看到一则故事，我深受感动。

这位知友和老婆结婚五年，很少吵架，每天上班走，下班回，都会给对方一个吻。老婆也毫不吝惜对他的赞美——不是敷衍，是由衷发出的。

即便有了儿子，他们仍然抽空过二人世界，去看电影、短途旅行，像谈恋爱时一样在雪地里踩出一串"I♡U"表白对方。

妻子每年给他写一封情书，而从事医疗保健行业的他会在晚上把热水烧好，精油备好，从头到脚给她做一次SPA（水疗养生）。

妻子总会默默记下他所有的喜好，在生日或者纪念日带着儿子给他精心准备惊喜和礼物。

妻子说："幸福的婚姻，就是你愿意为之付出，并且能妥善经营好共同的生活。最重要的，是让对方感受到爱。"

在这场婚姻里，他们双方都在用心经营，彼此付出和陪伴。

英国作家阿兰·德波顿说过："不得不承认，爱情是需要经营的。"

婚姻更需要经营。

有人说，你不想结婚，是因为没有遇见对的人。

可是"对的人"并不足以撑起浩瀚的婚姻。爱情不是一场风平浪静的旅程，多的是突发状况和前途未卜。

遇见"对的人"只是爱情长征的第一步，更重要的是第二步、第三步——两人默契地处理爱情和婚姻旅途中的突发状况和危机，一起走向幸福的终点。

其实储存幸福说起来就跟存钱一样，风平浪静的时候不需要这笔花费，但在遇到重大危机时，这笔钱能帮你安然渡过难关。

两个人感情很好的时候,要懂得储存幸福,陪对方看电视、逛街、带孩子、做家务、交换心事,有仪式感地庆祝节日和纪念日。这些都是储存幸福的方式。

这样当有一天,两人因为琐事而争吵的时候,才有办法不让冲突继续发酵。

如果平日里不注重这些小细节,等到真正有了矛盾的时候,可能就一拍而散了。

这个储存幸福的过程,其实就是经营爱情或婚姻的过程。

03

爱上只是一瞬间的事,可要浩浩荡荡、相依相守地过完一生,就太难了。

会经营爱的女人,不管和谁结婚,都能把日子过成诗;而不懂经营的女人,跟谁过日子,都是一地鸡毛。

善于经营爱情的女人,靠的不仅是付出,还有"手段"。

(1)正视对方的需求

爱情也遵循需求匹配理论。

激情不会永远存在,要保持爱情的热度,找准并匹配双方的爱情需求是关键。

爱的需求虽然千差万别,但有几点是共通的:对自我的认同感、精神上的愉悦感、生理上的满足感,以及物质上的安全感。

在一段爱情里,关系一定会变化,不同阶段,对爱的需求也不一样。

人们的自我实现能力通过阅历的增加而不断增长,一旦这种能力增长超出了一定范围,那么新的需求便会产生。感情变化的关键就在这里。

创业初期,男友对于爱情的需求是身边能有一个与自己携手共进开创事业的伴侣,阿妍正符合条件;而阿妍的需求是有人陪伴和嘘寒问暖,这一点男友也做得不错。

但是在度过了那段精疲力竭的创业期之后,随着事业稳定,男友也需要关心、关注,他渴望柔声细语来放松心情,感受对方的爱。而阿妍给他的,永远是苛责和否定,他的付出也得不到任何回应,他的情感需求被阿妍忽视了,情感危机便悄然产生。

正视双方在不同感情阶段的不同需求,是应对情感危机的关键。

(2)能独当一面,也要懂得卸下盔甲

在爱情里,女人当然要不断提升自己,让自己变得更优秀。但只是优秀,就一定能拥有一段稳定持久的感情吗?

未必。

阿妍的能力和魄力都足够优秀了,大女人的气场让她在工作中独当一面、游刃有余。她会不自觉地要求男友按照自己的方式和效率做事,甚至帮他安排好一些工作,有的地方干脆自己上手、亲力亲为。

这就让男友觉得她不需要自己,自己在她面前一无是处。而那个柔柔弱弱的小店员,却激起了男人最原始的保护欲。

后来，阿妍终于反省："我是他的女朋友，不是他妈，不必事事都帮他处理，也不能事事都否定他，我得让他觉得我需要他。"

工作上你能独当一面没问题，但在爱情里，你要懂得卸下盔甲，适当示弱。

张爱玲就曾说过："善于低头的女人是厉害的女人，越是强悍的女人，示弱的威力越大。"

示弱，并非真的弱，而是适当激起男人的保护欲，给他们更多呵护、疼惜我们的机会。

只有懂得示弱，才能顺理成章地对男人进行小鸟依人的撒娇，享受爱情和婚姻带来的甜蜜。懂得示弱的女人，更能游刃有余地经营好自己的爱情和婚姻。

（3）经营爱情的本质，在于让对方感受到"被爱"

很多时候，一个男人怎么对你，不取决于他是什么样的人，而取决于你是什么样的人。而一个男人是否爱你，你自身的条件并不起绝对作用，年薪百万的女人也可能被老公冷落，长得像明星也可能遭遇老公出轨。

美国心理学家约翰·戈特曼在《幸福的婚姻》一书中说："经调查，80%的离异夫妻认为，他们婚姻的破裂是因为他们彼此关系疏远，丧失了亲密感，让他们感觉不到被爱与欣赏。"

外遇不是婚姻破裂的原因，而是结果。

建立持久爱情和经营持久婚姻的本质，在于让对方拥有持续感觉到"被爱"的满足感。

无论男女,"被爱"的感觉都分为三个层次:被接纳、被欣赏、被尊重。

我们可以设置一些特定的表达爱的仪式感,或者给予对方发自内心的赞赏,让双方感受到自己在被爱着,被欣赏着,被尊重着。

在爱情和婚姻里,每个人都渴望幸福,渴望与另一半同心同德、相伴终生,但一段成功的爱情和婚姻往往不是轻易获得的,而是需要双方用智慧经营得来。

当婚姻出现问题，
离婚是唯一的涅槃重生路吗？

> 离婚，
> 不是解决家庭问题的办法。
> 双方的矛盾根源不解决，
> 换一个人，
> 日子也不见得更好。

01

婚姻出现问题，离婚就能好吗？

前段时间，我们大学室友一行九人约着小聚了一下。吃完饭，我们找了一个大套间，继续夜话闲聊。那一刻，仿佛回到了十几年前学生时代宿舍熄灯后的卧谈时光。

大家聊起了各自的生活、工作境遇。聊到婚姻，阿珊悻悻地开口："我感觉和我老公都没什么话说了，生活就像一潭死水，好想逃离。"

她和老公是毕业后没多久认识的。那时他能说会道，常常逗得她开怀大笑，于是她就沦陷了。

他们结婚至今六年，没有孩子。问及原因，是老公太忙，而她也还想拼一拼事业。前年老公调岗后去了外地工作，她不愿意放弃自己的工作跟他同去，于是二人经常见不到面。

大多数时候都是她飞过去找他，时间长了，她便觉得疲惫不堪，并且每次和老公见面也没有多少话可说。不见面时，双方的电话、微信也很少，似乎他们不是夫妻，只是久不联系的同学、朋友。

"我感觉不到他爱我了，我也爱不动他了，我真的好累。最近我们在商量离婚的事。"她叹了口气，无奈又无措。

其他同学听了也表示："异地很消磨感情的。反正你们还没孩子，离婚也未尝不可，再找一个更好的。"

近来，一些人只要感情出现裂痕，仿佛就只能走离婚这条路。

真的是这样吗？

02

最伤害婚姻的行为，你还在做吗？

离婚率越来越高，早已不是什么新鲜事。传统意义上的"七年之痒"，变成了"三年之痛"。在这些身陷离婚纠纷的人群中，三分之一的人认为离婚的原因是生活琐事。

生活琐事不是明确的背叛、暴力，但它能让人们对漫长的共处生活失去信心。

最伤婚姻的生活琐事是以下三件事:

(1)做对方的差评师

我们若作为卖家，收到一条差评就会抑郁难平，更何况处于婚姻关系之中?

但现实生活中，就是有很多人为了一点小事就指责对方，差评不断。

周末，我受邀去一个朋友家吃晚饭。夫妻俩都是我同学，女生忙里忙外地准备好了晚餐，却迟迟不见男人回来。

几通电话之后，男人风尘仆仆地赶回家。一进门，朋友就气不打一处地大声指责:"都跟你说了今天有客人来，怎么还这么晚回?！干脆别回来了！"

男人也不满:"路上堵车，绕了远路。"

"你都不计划时间吗？也不看看现在几点了！"

"我是神仙吗？！我怎么知道会这么堵呢？"男人的音量提高了八度。

气氛跌至冰点，我尴尬地在一旁劝和。

我在场时尚且如此，很难想象他们平时处在怎样水深火热的环境中。

每一段婚姻关系中，都难免矛盾。可怕的是，用尖锐的指责代替了理性的沟通。

对伴侣的抱怨最终演变成攻击行为，是很多夫妇都会遇到的情况。这类异化的沟通方式，是夫妻相处的大忌。

（2）过度控制

两个人的生活习惯、处事方式不一样，强势一方就习惯于控制对方什么都按照自己的方式来。

比如总是告诉对方应该怎么做，主观性地打压他（她），嫌弃他（她），同时又离不开他（她），这就是对对方的过度控制，会让对方觉得自己找了个妈（爸），不能自己主宰自己的人生。

电视剧《三十而已》中的顾佳就是这类妻子。

被控制的一方为了维护自我的尊严，通常会站在控制方的对立面来反抗。哪怕控制方说的话是对的，被控制方也要反抗。因为只有这样，被控制方才觉得自己是一个自由人。所以控制方必须对自己强迫性的控制欲有所节制。

（3）严重情绪化

婚姻里，敏感的伴侣会对一点小事上纲上线，一点争吵和矛盾就会引发一场情绪战争。

我有个朋友晶晶就经历过。

她有一次给老公调洗澡水，不小心把水温调高了，烫伤了老公，身上起了水泡。她赶紧用冷水给老公冲洗烫伤的部位，并细心地涂上药。

可是老公沉浸在"你怎么这么不小心"的愤怒情绪里，一直对晶晶抱怨、指责。晶晶心里也委屈：我又不是故意的，你烫伤我也很难过。但她出于愧疚心理，没有反驳他。

老公看到她一声不吭,上纲上线,数落得更来劲了。晶晶被抱怨得快要超出忍耐极限,她甚至想把药膏扔在他的脸上,跟他说:"咱俩干脆别过了!"

后来,她想起在书上读到的"情绪管理法则",便离开了现场,回到卧室让自己平静下来。她想起了老公对她的种种好,渐渐平复了心情,重新来到老公面前帮他涂药。

老公此时也不忍再责怪她,还主动为自己刚才的坏情绪道歉。

能控制自己情绪的夫妻,才能经营好婚姻。

夫妻相处是一门大学问,需要彼此学习和付出,避免走入以上三个误区。

03

被消磨掉感情的婚姻,除了离婚,还能做什么?

除了出轨、家暴等原则性问题容易导致离婚,婚姻里很多方面的琐事也会消磨感情:婆媳关系、亲子教育、家务分工……

那么,当婚姻出现冲突、矛盾和裂痕,只能选择离婚吗?下一场婚姻就一定会更好吗?

我曾经看过一期情感调解栏目。节目中,妻子和丈夫吵得歇斯底里,谁也不服谁。两个人现在都想离婚,找更合适的伴侣,过上好的婚姻生活。

导师一语中的:"你们婚姻中矛盾的根源不解决,换一个人,日子就会好吗？"

家庭治疗大师海灵格说过："离婚，不是解决家庭问题的办法。"

那么，面对爱情被消磨得所剩无几的千疮百孔的婚姻，除了离婚，还能做什么呢？

（1）降低对伴侣的期望，不过分追求完美

美国佛罗里达大学的一项研究发现，婚姻幸福的一条准则是不要盲目追求高标准的完美婚姻，因为期待过高，容易让人在矛盾中产生抱怨等负面情绪，进而降低幸福度。

一个亲密关系的研究者说："期待是通往地狱的桥梁。"

小安和老公结婚前非常甜蜜，但结婚后，她不断提高对老公的标准，希望他能在兼顾家庭的同时改造自己，变成更优秀的人。她不断鞭策他，透支信用卡给他报了 MBA 课程，只要看到他玩游戏或者玩手机，就指责他不务正业。

先生不堪重负，两个人一度因为这些事吵得不可开交，接着冷战、和好，之后又是争吵、冷战、和好……周而复始，给婚姻生活带来无尽的痛苦。

我跟小安说："你不要过分紧张，对你的先生不要苛求完美，把注意力放在自己身上。"

她终于不再将对未来的美好期待全部压在老公身上，而是努力提升自己，带娃、健身、升职……她变得更加优秀和有魅力。

看着妻子的事业风生水起，先生有了危机感，也默默努力，拿到了 MBA 学位，升了公司副总。而他对小安，也越发珍惜。

想要幸福一点，就少"爱"他一点，多爱自己一点；对自己指望多一点，对他指望少一点；把你和他分得清楚一点，你是你，他是他。

（2）利用伴侣的亏欠心理经营爱情

《匆匆那年》里有一句歌词是这样的："谁甘心就这样，彼此无挂也无牵，我们要互相亏欠。"

爱人之间，难免相互亏欠。真正的婚姻，其实是从相互亏欠开始。

比如上文提到的晶晶，后来我问她想把药膏砸在老公脸上时是什么心情，她坦言："我本来对老公有亏欠的感觉，毕竟是我不小心把他烫伤了，但是后来他一顿坏情绪地数落，把我的亏欠感填平了，继而我就转化为一种破罐子破摔的心态：既然我不能弥补你的愤怒，那我就毁掉算了。"

这就是感情里的亏欠心理，也就是内疚感。

心理学家霍夫曼提出虚拟内疚理论，谈到内疚是一个人"对别人的痛苦的移情性反应"和"对引起别人痛苦原因的认知"二者的结合。

爱情里，我们都会做错事，而内疚的本意是：做了错事，感到自责。

但为什么男人有时候犯错了，他不主动承认错误，或者不愿意哄女人，甚至还跟个没事人一样该干吗干吗？

就是因为他对你有亏欠心理，觉得自己欠你太多，还不起了，干脆回避。

我们要好好利用这种亏欠心理经营好我们的爱情和婚姻。

在他意识到自己错了，心里有亏欠感的时候，不妨给他一个台阶下，直接告诉他"我受伤害了，你要……才能弥补……"。这个时候，对于女人提出的要求，男人为了弥补亏欠，往往都会满足。因此这也是消除矛盾和解决危机最好的契机。

（3）用新鲜感重新打造自己的吸引力

爱情的本质是吸引，被彼此的闪光点吸引而走到一起。

心理学研究表明，异性吸引力不单是由外貌决定的，还包括内在吸引力，可细分为情感魅力、性魅力、自信魅力等维度。

有时候，尽管双方关系陷入僵化，但你身上对伴侣的吸引力依然存在，只是两人的矛盾让对方产生了排斥情绪，暂时看不到你的闪光点。

按照爱情的"费希纳定律"来说，你的爱情并没有发生变化，真正发生变化的，是你！

心理学中，有种现象叫作"感觉适应"：长期施加同一刺激，对方会感觉刺激越来越小。

这个时候，你需要营造新鲜感，做一些适度的改变，重新释放你的吸引力，把自己培养成和之前有一些区别的"新人"，让他看到不一样的你。

我关注的一个博主和她先生结婚七年，仍然像新婚夫妻一样如胶似漆，就是因为他们随时都在给对方营造新鲜感。

某一天晚餐前，他们六岁的儿子正要结束钢琴练习，先生突然戏精附体，从餐桌上的花瓶里抽出一支红玫瑰，往刚脱下围裙的妻子手里一递,随即拉过她的手献上深情的一吻,弯腰做了一个"请"的姿势,问道:"小姐,我能邀请你共进晚餐吗?"

妻子瞬间心领神会,满脸笑意地配合,将手放到他的手心里,优雅地在餐桌前落座。他还作势跟儿子说:"先生,请帮我们弹一曲《梦中的婚礼》,谢谢。"转而热情地给妻子倒酒夹菜。两人聊得火热,全然不顾旁边一边感到好笑,一边老老实实弹奏《梦中的婚礼》的儿子。

随时随地,"说撩就撩",把婚姻当成"游戏",让他们的婚姻时刻保有新鲜感。

新鲜感是恋爱中很重要的一点,也可以用来点燃婚姻的激情。

一起尝试新鲜事物,比如一起去玩以前不敢玩的游戏项目,一起去心仪已久的地方旅游,一起挑战"不可能"的事,等等,都能重新打造你的吸引力。

婚姻不是仅仅靠一方就能维持,双方都有责任。

当你的婚姻出现这样或那样的问题,离婚并不是解决问题的唯一途径。正视双方的问题,才能解决问题。没有谁的婚姻是容易的,走到这一步,不要轻易就丢掉婚姻。

别让"不配得感"毁掉你的幸福

> 揣着"不配得感"走入婚姻，
> 结果多半也会不尽如人意。
> 内心的冲突没有解决，
> 你的不安全感就会一直存在。

01

听一位朋友讲起她表姐的故事。

表姐今年三十五岁，前些年一直在读硕士，硕士毕业又忙工作，至今单身。

年纪大了，身边大多数同学、同事都已结婚生子，她也想寻一良人，走入婚姻。

她谈过两段感情，但都伤痕累累而分手。其实两任男友都对她很好，可每当感情要更进一步，她总是觉得不真实，认为男人对自己不是真心的，在无休止的争吵之后，只能分手。

表姐从小就是那种"别人家的孩子"，漂亮又懂事，还是个学霸。父母从小对她管教很严,总是以"为她好"为理由,什么事情都替她拿主意,从未问过她的意愿和需求,只要求她努力学习。

高考填志愿时,父母希望她学计算机专业,将来好就业,于是她就这样填了。她考上了一所名牌大学,父母非常开心,大宴亲朋。

她其实从未真正开心过,因为她没有机会做自己,她从未被父母真正地"看见"过,也未曾得到过父母真正的了解和爱。

显然,表姐婚姻问题的根源在于她的原生家庭。

在这样的家庭成长起来的表姐,内心渴望得到他人的重视和爱,但她对于"爱"又缺乏信心,不相信有人会真正爱自己。

失败的感情经历、矛盾的内心,让她疲惫和沮丧。她总说:"这种事情我只能自己扛,可能我就是这个命吧。"

这句话背后,是深深的"不配得感"。因为从未得到过真正的爱,她在潜意识里认为自己不值得被爱、被善待。

其实,无论是脱单困难,还是感情破裂,抑或是觉得自己低嫁了,大部分都是因为原生家庭的创伤没被治愈,成长中的需求和情感没有被满足,而产生了"不配得感"。

02

"不配得感"在心理学上其实就是低自尊。

有"不配得感"的人,对自己的总体看法是"我不够好,我是一个不好的人",觉得自己没有价值,不配拥有美好事物。

低自尊的人还会低估伴侣对他们的爱,他们很难相信伴侣真的深深地爱着自己,从而损害亲密关系。

是什么导致了低自尊？为什么会产生"不配得感"呢？

（1）原生家庭的经历让其相信自己不值得被爱

弗洛伊德著名的冰山理论提到：如果把人的思想比作冰山，那么你的意识只不过是浮出表面的一角，水下的潜意识才是那庞大的山体，人的行为70%受潜意识控制。

人的感情和思维模式，往往是按照原生家庭模式刻画的。在原生家庭的经历会进入潜意识，在不知不觉中，形成你的认知、习惯，作用于你的行为，导致恋爱出现偏差，呈现出你本不想要的结果。

我在某平台上看到过一位女孩的故事，她专门找生活面临困境的男友，比如离异带孩、家境复杂……她想通过全心付出来拯救这类男人，从而获得爱，升华自己。这导致她的恋爱困难重重。

当她谈到幼时的成长环境，我们就能发现这种心理的成因——童年时，爸妈离异，妈妈南下做生意，对她缺少照顾、关爱，导致她成年后把童年没被满足的情绪投射在伴侣身上。

她通过不断向伴侣付出，来填满小时候没被满足的内心。在她的潜意识里，她只有掏心掏肺，付出自己全部的爱，才能换来别人的爱，否则她就不值得被爱。

这类女孩往往并不是真的爱对方，只是在满足自己的心理投射。

（2）负性核心信念让"不配得感"一直延续

认知行为学派认为，负性核心信念是"不配得感"得以维持下去的因素。

人们从童年开始形成对于自我、他人、世界的坚固的、稳定的、深深扎于内心的信念，被称为"核心信念"。

即使我们不能清晰地表达出这种信念，我们也相信它是无比正确的。具有"不配得感"的人，核心信念是"我很差"，所以他们会一直退缩与回避，无法逃离"不配得"的深井。

有个女朋友曾半开玩笑地问我："男人喜欢和别人闲聊怎么办？"

他们已经在一起两年了，男人一直没有提结婚的事，也不曾对她有实质性付出。

我说了我的想法：第一，这个男生很有问题，你需要进一步观察；第二，你不要焦虑，先解决自己内心冲突的问题，才能经营好关系。

但她并没有听进去。她觉得自己已经三十一岁了，好不容易碰到个适合结婚的对象，怕过了这个村就没这个店了。后来，她终于"逼"男人和她结了婚。然而，结婚之后免不了一地鸡毛。不到半年，他们就离婚了。

她的思维模式就是负性核心信念。她潜意识里觉得自己很差，年龄也大了，比不过二十左右的年轻女孩，配不起比这个男人更好的人，所以一直退缩和回避这个男人并非良配的现实。

揣着"不配得感"走入婚姻，结果多半也会不尽如人意。内心的冲突没有解决，你的不安全感就会一直存在。

03

人们常说"要爱自己"。你不爱自己,别人就不会爱你,你爱的人怎么会爱一个卑微到尘埃里的人呢?

所以我们要摆脱"不配得感",要相信自己值得拥有一切美好的东西。那么,什么是真正的爱自己呢?我们可以怎么做呢?

(1)对自己进行积极的心理建设

产生"不配得感"的人总是在心里进行自我攻击,认为自己"不够好""不值得""配不上"。

因此,摆脱"不配得感"的第一步就是停止自我攻击,去除负性核心信念,为自己建设一个积极的心理系统。

你可以从寻找自身优势开始,当内心出现自我攻击或自我否定的情绪,提醒自己"我很优秀",不断强化和肯定自己的优点,增强自信。

你可以为自己"量身定做"一些积极的自我对话。

比如:

·失恋后——"至少我从这段经历中学到了东西,更了解自己了,为迎接更美好的恋情做准备。"

·没有勇气拥抱下一段感情时——"我很优秀,我可以经营好自己的感情,我不会重蹈覆辙。"

·对未来感到迷茫时——"我相信我最终会过得幸福,即使现在辛苦,我也愿意对未来抱有期待。"

·被别人拒绝时——"我的需求和这个人的需求目前不匹配,但我仍是一个独特的、有价值的人。"

……

这么做似乎有些傻气，但实证研究表明这是有效的。

破除"不配得感"的最好方式，就是对自己进行积极的心理建设，无条件地肯定和欣赏自己。

（2）舍得长线投资自己

女人的私房钱藏在哪里最安全？答案是脸上和身上。谁都看得到，谁也拿不走。

聪明女人在任何时候都懂得投资自己，让自己时刻保持独特的魅力和自信。最好的莫过于对自己头脑和信念的投资，让自己更具竞争力。把自己升级成一幅锦绣，自然会有更多人来添花。

一般来说，买包、买奢侈品等都是消费，学习才是一项最值得的投资，可以不断提升自己的硬实力和软实力。你可以学习专业知识，从而在工作中更具竞争力，拓宽自己的职业道路；读心理方面的书籍或学习相关课程，从而更好地理解自己和他人的内心世界，提升人际交往能力。

只有不断投资自己，具备足够的资本，方能与优秀的伴侣在高处相逢。

（3）寻求一份支持性关系

如果你曾经长时间处于一段负面的让你感到自卑的情感关系，可能你已经活成了一座孤岛，好像除了围着伴侣转，你的生命里再无其他人。

重新联系那些爱你、想帮助你的人，比如好友、亲人，寻求他们的支持和帮助，是摆脱"不配得感"的重要一步。

好的支持者，是指那些可以陪伴你、为你提供帮助，并且不会随意评判你的人。

每个人都是这个世界上独一无二的个体，拥有这世界上独一无二的价值，从这一点来说，谁也不比谁更高贵。请记住，你的价值不依赖于任何东西，不需要任何人肯定。

当你发现自己是无条件配得的时候，你的自信心就会提高，人际关系也会改善，因为你会对自己和别人有更多的爱。

现在，你可以放弃你关于价值的所有先入之见，深吸一口气，提醒自己：你配得上一切美好！

请提防那个把你"宠上天"的男人

> 真正的好伴侣,
> 不会把他变成你的全世界,
> 而是跟你一起,
> 去发现更大的世界。
> 婚姻最好的状态,
> 永远是独立又共生。

01

你一定听过这样的言论:

"好女人都是男人宠出来的。男人疼她,她就变成水蒸气温暖男人;男人冷落她,她就是坚硬的冰。"

"妻子好不好,都是由丈夫决定的。"

"成功的男人惯出来的都是温柔的女人,失败的男人逼出来的都是泼辣的女人。男人有多好,妻子就有多好。"

……

于是这几年,"宠妻狂魔"的人设备受欢迎。

我的好友莉莉，老公就是出了名的"宠妻狂魔"，让她辞职在家，还雇用了保姆，不让她做一点家务，对她关怀备至，每天嘘寒问暖。

刚开始，老公的事业蒸蒸日上，莉莉每日跟小姐妹逛街聚会，日子过得很滋润。

后来，老公投资失利，濒临破产，欠了许多外债。他忙得焦头烂额，无暇再顾及莉莉。而莉莉这几年吃喝玩乐惯了，早已丧失了工作能力，之前集万千宠爱于一身，如今连外出吃一顿饭都要看老公的脸色。

久而久之，他们争吵不断。莉莉想过要离婚，但是离开了老公，她不知道要如何生活下去。

生活中，一个男人宠老婆，总会得到好评一片，引得无数女人艳羡。

很多女人都希望找一个忠诚的老公，对自己无限宠爱，无限迁就。

《男人的态度决定女人的温度》之类的文章层出不穷，似乎女人会变成什么样，都是由男人决定的。

遇到"宠妻狂魔"，乍一看，是挺幸福的，但是仔细想想，无下限的宠溺会让女人沦为男人的附属品，失去自我意识和独立性，始终活在男人的评价和态度里，任由他摆布。

02

我们总是希望有个人可以给我们很多很多的爱，但是，我们往往忽略了一点：为什么对方要一直给我们很多爱？我们身上有哪些值得他宠爱的特质？

情感有时候也要遵循"等价"交换原则。我们想让对方富养自己、宠爱自己，那么我们需要给对方富养我们的理由。

作家亦舒说："什么头晕颠倒、山盟海誓，得不到鼓励，都是会消失的，谁会免费爱谁一辈子？"

把对方的付出当作理所当然，是婚姻里很多人都会犯的错。真正幸福的婚姻，是看见、肯定对方的付出，并回报对方的爱。

多年前，老公的单位组织去云南团建，可以带家属，于是我和他同行。他们公司员工整体偏年轻化，一路上，大家其乐融融，氛围轻松。

其中，公司老总和其夫人的互动吸引了大家的注意。

老总是个身高超过180的壮汉，他的夫人则是个身高不到160、体重不过百的娇小女人。一路上，老总负责给她拎包、拿东西，照顾她的饮食，爬山时她走不动了，老总给她按摩腿脚，背着她走，可谓鞍前马后，宠爱有加。

我们这些吃瓜群众直呼：原来真的有一种婚姻，叫"小娇妻和她的霸道总裁"。

晚上，几个人聚在一起围炉夜话。聊到情感话题，这位夫人被问及老总做过的最令她感动的事情是什么，她一件件细数：

他是公司创始人,平常很忙,但从来不会因为工作忙而忽视她,从来不会忘记她的生日、结婚纪念日等特殊的日子。在那些日子,不管多忙,他都会抽出时间陪她。

她生两个孩子都是剖腹产。他心疼她,孩子们出生前后,他推掉一切工作,在家里照顾她。

把她的爸妈当成自己的爸妈孝敬,嘘寒问暖,连她最小的弟弟去国外上学的事情,也是他忙前忙后搞定的。

他从来都不舍得跟她吵架,连大声说话都没有过,就算在气头上,也是自己离开一会儿,等冷静下来再和她沟通。

现场的单身女孩们听完表示:"以后找老公就照着咱老板的标准去找,准没错。"

接下来,老总很感慨地跟我们分享了一段背后的故事。

原来,他们刚结婚那会儿一无所有,他为了给她好的生活,想辞职创业。除了她几乎没人支持,他还是大胆去做了。可是这次创业,合伙人突然退出导致资金链断裂,欠下许多外债。

祸不单行,恰逢他最爱的父亲遭遇车祸去世,接连的打击让他崩溃,活在了阴霾里。

那段时日,她一直陪在他身边,陪他去处理公司破产的事宜,还要张罗公公的丧事,安慰悲伤过度的婆婆。那时她已经怀孕七个月了,就这样挺着大肚子忙里忙外。

后来,她为了他的第二次创业,把自己这些年的工作收入积蓄都给了他,他才有了如今这么大规模的公司。

回忆到这里,他有些哽咽:"我没办法形容当初有多艰难。在我最无助的时候,是她挺着个大肚子,跑前跑后地帮我处理家事,是她陪我走过了人生最难的那段日子。我想起从前她的付出,就觉得这辈子我怎么对她好都不过分。别看现在我挣得比她多,她可是我的领导,我所有的事都是她说了算。"

果然,还是双向奔赴的爱情最令人动心。

婚姻是两个人携手共进,一方的付出撑不起两个人的重量。夫妻之间,相互扶持,才能长久。

很多人以为嫁给了宠爱自己的人,就可以高枕无忧,心安理得地享受对方的付出,却从不曾想过:我能为对方做什么?我有没有忽略对方为我做的事?

当你遇到一个宠爱你的人,不要总想着使唤他、榨干他,不要要求他时时刻刻把你捧在手心,而是要珍视他、体恤他,必要的时候,你也可以成为他的依靠。这样你才能深深住进他的心底,让他离不开你。

03

恋爱或婚姻生活中常见的场景是,伴侣犯了错,另一方会下意识地指责,而很少思考对方为什么做错,并且越指责,双方的关系越差。

如果能冷静分析对方做错背后的原因,就很容易理解他,与他共情。而得到理解和同情的一方,也往往会卸下冷冰冰的铠甲,展现更真实的自我。

能提供高情绪价值的伴侣，在爱情中情感摩擦更少，更容易产生幸福感。

一是自己的情绪要稳定。

在面对摩擦和矛盾时，不要自顾自地发脾气、歇斯底里，言行失当，而是要和对方站在同一个角度，设身处地地与其协商，一起解决问题。这也是安抚对方的情绪。

二是会调动对方的情绪。

一个人能给他人带来舒服、愉悦、稳定的情绪，他能提供的情绪价值就高;反之，一个人总让其他人产生别扭、生气、难堪的情绪，他能提供的情绪价值就低。

就像我的一个闺密晓琴，老公平日里很宠她，但有一点二人总是无法达成和谐。

她老公特别听不进去建议，每每遇到和晓琴观点不一样，或者晓琴认为他有做得不好的地方，老公会立刻情绪激动地说:"你这是怪我吗？我的错喽？你行？要不然你来？"

渐渐地，晓琴变得有意见也不敢提，日子过得很憋屈。

后来她得知，老公从小就在被质疑的环境下长大，父母对他的要求非常高，他做得再好，也得不到认可、鼓励，所以老公产生了一种行为模式:但凡听到质疑的声音，他马上攻击对方。其实这也是下意识地保护自己（当外界给予压力，内在一定要有个对抗力，才能维持平衡，否则，就会让自己陷入深深的自我怀疑）。

晓琴解锁了老公行为背后的原因，就找到了和老公正确沟通的方式:遇到观点相异时，她尝试先肯定对方，再阐述自己的观点。这样老公就不会立刻产生防御、反击心理。

她调整了和老公的相处模式后，更加懂得共情，老公的情绪也稳定了很多，对她也更好了。

人都是有成长性的，不要一有矛盾就想着离婚，给彼此多一些机会，调试出最幸福的婚姻状态。

04

看过这样一句话："我一生渴望被人收藏好，妥善安放，细心保存，免我惊，免我苦，免我四下流离，免我无枝可依。"

女孩们都渴望有这样一个人出现，把我们放在心尖珍藏。

然而，获取宠爱的前提是，你必须有独立的思想和能力。

你是一个独立的个体，是和他平等的人；而渴望"无条件的宠爱"，迎合和等待男人的宠溺，多多少少包含有承认自己是弱者的意思。

若我们习惯了做接受宠爱的人，习惯做被宠溺者，而不是独立的、和对方平等交流的个体，这段感情便注定会失衡。

在男女平等的今天，我们不应该把获取宠爱当作人生的全部，沾沾自喜。我们有手有脚，有头脑，有思想，为何要活得像只求爱的宠物？

我们相爱，不是为了被人保护，被人无条件宠溺；我们相爱，是因为彼此吸引，是为了互相依偎，共同成长。

所以，请提防那个把你"宠上天"的男人，当心他的宠爱里藏着的抹灭你独立性的"慢性毒药"。

真正的好伴侣，不会把他变成你的全世界，而是跟你一起，去发现更大的世界。婚姻最好的状态，永远是独立又共生。

和你在一起，我很快乐

> 找一个余生能让你快乐的人，
> 而不是你必须努力取悦的人。
> 最恒久的感情，
> 不是以爱为名的互相折磨，
> 而是舍得付出，懂得珍惜，
> 成为对方的阳光，互相陪伴和支持。

01

阿霖是在一次去云南旅行途中遇到 D 君的。彼时，她已经失恋一年了，却还没能走出来。

五年燃烧青春的感情，最终还是输给了新鲜感。

爱情这件事儿，许多男人说放下就能放下，转身就可以拥抱另一个人。偏偏大部分女人做不到。

经历了大半年的低迷期，阿霖请了十天年假去云南旅行，发誓回来一定要忘了那个人。

她没报旅行团，没找朋友一起去，连攻略都没做，拎了个大箱子就走了。她在洱海旁订了个民宿，但天生路痴的她费了好大一番劲儿，直到半夜才找到那里。

颠簸了一路，她饥肠辘辘，精疲力竭，却还得吃力地拖着箱子上几个台阶去办理入住手续。

她正艰难地往上走，突然觉得手中轻松，回头就撞上了一个高高瘦瘦的大男孩温和的微笑。他说："看你这箱子不轻，我帮你提上去吧。"

她的大脑一下子有些短路，下意识地讷讷地回了一句："好。"连谢谢都忘了说。

这是她和D君的初遇。

素未谋面的两人，好感在无数个"巧合"之间蔓延开来。比如，他们都自上海而来；又比如，他们订了同一家民宿。

D君是和另外两个朋友一起来的，其中一个是女生，弹得一手好吉他。得知阿霖是一个人来的，三人便邀请她同行。

02

D君细致又周到，在旅程中照顾着众人，说话是温文尔雅中带点小幽默，经常逗得众人开开心心。

几天的旅程中，和这三个性格迥异又有趣的人待在一起，阿霖内心的阴霾一扫而空，整个人变得明媚而雀跃。

她一刻也没再想起过前男友。

有一天晚上回到住处，那三人打算在阳台上开个小派对，D君准备了很多吃食，叫上了阿霖。

会弹吉他的那个女生借了民宿老板的一把吉他，弹了一首《世间美好与你环环相扣》。

阿霖手里端着一杯果汁，看着满天的繁星和远处的灯火，有微风拂面而来，风里还带点栀子花的香气。她闭眼静静地听耳边的这首曲子，心之所向，皆是美好。

她忽然觉得有什么东西在慢慢远去，直到完全看不见了。

众人开始有一搭没一搭地聊天。

当讲到各自是为什么来大理时，她顿了一顿，犹豫着要不要把真实原因说出来，下一秒就脱口而出："我是为了摆脱失恋才来这里的。我们大学就在一起了，后来一起在上海工作。我们在一起五年了，我不太明白，为什么我们五年的感情，还比不上他们相识一个月。

"你们知道分手后我做过的最傻的事情是什么吗？大冬天的，我在他家楼下等了他一晚上，可他无动于衷，就是不出来见我。最后还是我撒了一个谎，说自己可能怀孕了，他才带我去医院做检查。

"看到结果的那一刻，他如释重负，我也终于死心了。

"其实和他在一起的那五年，我都是开心的时候少、难过的时候多，我过得很不快乐。到最后，连我自己都分不清和他在一起到底是出于爱，还是出于习惯了。我也不明白自己究竟在坚持些什么。现在想来，只觉得自己真傻。"

她原本以为自己说完这些会泪流满面，但是没有。她平静地用几句话就概括了这五年，看着远方的点点灯火，像是在讲述别人的故事。

那天晚上，他们接着又聊了很多。

而她清楚，从那一晚开始，前男友终于彻底和她无关了。

03

旅程结束后，他们一起飞回了上海。分手时，她和所有人都互留了微信。她又恢复到元气满满的状态，好好工作，认真生活。

后来，她和D君的联系越来越频繁。

起初只是他把自己拍的她的照片修好发给她。她发现，自己在D君的镜头里，竟然这样美。要知道，前男友拍的她的照片，几乎没有一张好看的，不是奇形怪状，就是龇牙咧嘴。

为了答谢他，她请他吃了顿饭。席间，她多次被他逗得哈哈大笑。

此后自然而然地，他们多了很多交集，约着一起吃饭、看展、做公益、看电影。有时只有他们俩，有时也会叫上他那两个朋友。

那天，他们俩约好一起去看一部电影。在等他买票的时候，她正巧遇到前男友带着新女友也来看电影。

前男友想跟她打个招呼寒暄几句，却被新女友制止了。新女友趾高气扬地从上到下把她打量了个遍。

好在D君及时出现，一看这架势，瞬间猜出了八九分。他轻轻揽过她的肩，声音温柔："电影快开场了，我们进去吧。"

她瞬间松了一口气。

倒不是因为念念不忘，纯粹是觉得尴尬。过期的人，就如过期的罐头，还是扔了，再也不见比较好。

"刚刚谢谢你替我解围。"昏暗的电影院，她侧过头轻轻说。

"没关系。"依然是温柔的声音。

那天,他们看完电影,D君把她送回家之后,独自在她家小区门口站了许久。

最后,他下了一个决心。

04

次日是周末,他发微信跟她说有一个惊喜要给她,晚上在她家小区门口等她。

说是惊喜,其实他也拿不准,对于她来说,到底是惊喜还是惊吓。

在云南时,他就时常关注她,心下疑惑,明明是一个俏丽明媚的女孩,眉间眼底却总是难掩一抹忧色。后来听她说起自己那五年,他的心也莫名地揪着疼。在后来的相处中,这抹心疼便渐渐转为越来越浓烈的好感。

但他也知道,这个姑娘短时间内应该不愿开启一段新的恋情。他打算再等等。

这一等,就是大半年。直到那天晚上偶遇她前男友,他不想再等了。

于是这天,他买了一捧鲜花,在附带的卡片上写下:

夜幕与你相遇,

破晓却是我未曾预期。

对你的爱放在心底,

　　　　笔画间满藏深情。

　　他觉得,《世间美好与你环环相扣》中的这几句歌词,像极了他们的初遇,也像极了自己对她的爱。

　　花束里还夹了一张他们在云南旅行时的合照,是他的朋友抓拍的。照片里,背景是苍山洱海,她头戴一个鲜花花环,对着镜头比"耶",笑得如同三四月里的迎春一般绚烂,而他站在她的后面,低头看着面前这个开开心心的女孩,满眼全是她。

　　当初给她发照片时,只有这张合照,他留了下来,没有给她。

　　现在他在这张照片背后写上"我的女孩",加上了拍照日期。

　　他觉得,她一定会喜欢。

　　她如约而至,远远便看见了他。

　　小区门口人来人往,个子高高的他捧着一束花站在人群里,似有些局促和紧张。

　　他终于说出了那句很早就想对她说的话:"我喜欢你,很喜欢很喜欢。"

　　至于她怎么想,他心里一点儿底都没有。在他的呼吸几乎要停滞的时候,终于等到了她的回答:"嗯,我也喜欢,喜欢花,喜欢字,也喜欢人。"

　　此后,他们又一起去了很多地方旅行。他给她拍了很多照片,镜头里她总是笑着,每一张都很美。

　　他一直没有问她为什么喜欢自己。

直到婚后的第一个情人节，漫天烟花下，她一手拿着冰糖葫芦，一手挽着他，不经意间说了一句话："你知道吗？和你在一起啊，我每天都觉得很快乐，法令纹和鱼尾纹都多了好多呢。"

他看着烟火下那张忽明忽暗的脸，说："谢谢你，告诉了我一直想知道的事。"

05

如果两个人在一起，伤心总比快乐多，那个人的心里一定不在乎你。因为在乎，就是不舍得伤害，是忍不住疼爱。

那个总能让你快乐的人，才是真正疼惜和了解你的人。他知道你喜欢什么，讨厌什么，在意你的感受，揣摩你的心思。

找一个余生让你快乐的人，而不是你必须努力取悦的人。最恒久的感情，不是以爱为名的互相折磨，而是舍得付出，懂得珍惜，成为对方的阳光，互相陪伴和支持。

人生已经那么苦，当然要选择让自己快乐的人在一起啊。

"和你在一起，我很快乐。"这就是爱情最美好的样子。

婚姻好不好，
生一场病就知道了

> 爱情讲究感觉，
> 感觉决定了你们能否在一起；
> 交情讲究义气和责任，
> 义气和责任决定了你们能否相携走完余生。
> 生一场病，
> 可以看透世间很多事，
> 可以看清枕边人，
> 看看你们之间的交情，
> 从而看透自己的婚姻。

01

年初时，我因为一次小手术在医院住了半个月，见到了很多生离死别，也更深刻地感知了世间百态、人情冷暖。

与我同病房的一个病人是三十五岁的秦姐，她得了严重的肾病综合征，全身水肿。一直是她妈妈在照顾她，期间她的两个孩子来探望过她，老公却从未出现过。

通过聊天，知道了她老公正在为出国外派做准备。

她说她生病之前，他们的感情不错，日子虽不富裕，一家四口也其乐融融。

但自从她患病，老公对她的态度就变了。她患的是慢性病，需要长期治疗，终身服药，医药费算下来，是一笔不小的开支，于是他明里暗里责怪她的病"烧钱"。妻子因病痛而受的折磨他看不到，只心疼哗哗流出去的钱。

当公司有一个外派至南非的工作机会，他没加考虑就答应了。妻子病情加重住院，他也不闻不问。

因为他心安理得："我是为了你的病去挣钱的，你还想怎样？"

有人说，真正击垮一个女人的，不是疾病带来的疼痛，而是老公带来的心痛。生病真是婚姻的"照妖镜"，你的婚姻好不好，生一场病就知道了。

在医院，我见过对虚弱的妻子埋怨道"这一下又是几万块"的男人，也见过对长期患病、瘦骨嶙峋的老公一脸嫌弃的女人；我看到过握着妻子的化验单泪流满面地说"别怕，不管花多少钱都给你治"的丈夫，也见过在走廊里一边搀扶老公一步步向前走，一边念叨着"慢点，当心"的妻子。

医院展现的去伪存真的婚姻百态，比电视剧精彩得多。

突如其来的疾病对一个人的打击固然很大，但也不及另一半的冷漠来得痛心。

人生九九八十一难中，疾病往往最磨炼婚姻。平日里再多的甜言蜜语、你侬我侬，都不及病榻前的一句体贴和一碗热粥。小病嘘寒问暖，大病不离不弃，这才是最牢固的婚姻。

02

与我同病房的还有一个二十八岁的孕妇,她是慢性肾炎患者,怀孕五个月时肾功能突然异常,伴随妊娠高血压,肌酐飙升至210,住院后在药物控制下仍然持续走高。

医生诊断她的慢性肾炎有转变为肾病综合征的趋势。依照她目前的身体状况,医生建议她终止妊娠。听了医生的建议,她忍不住放声大哭,这个孩子是她很辛苦才怀上的,她坚决不肯。

在她住院期间,老公请假全程陪护。得知此噩耗,他先是努力让自己镇定下来,然后配合医生劝妻子终止妊娠。

五个月的孩子已然成形,她不舍得,他又何尝不是。而且肾功能异常患者是不适合怀孕的,这就意味着,如果拿掉这个孩子,她日后可能再没机会怀孕了。

但为了妻子的安全,他忍痛温声软语地规劝妻子:"在我心里你是最重要的,我们可以想其他办法再要孩子,若是你出事,你要我怎么办?"

"我以后都不能生孩子了……"妻子的情绪已经失控。

他抱紧妻子说:"傻瓜,现在医学那么发达,只要我们好好治疗和保养,肯定有办法的,相信我!"

那几日,整个病房都弥漫着他们的悲伤。

后来,妻子终于同意了终止妊娠。术后她的身体慢慢好转。

老公一直无微不至地照顾她,每日替她擦身、按摩、热敷、喂饭。刚做完手术那几日,她心情不佳,他就每天讲笑话逗她开心。

最暖心的莫过于每日太阳升起时,她安静地坐在病房的阳台上,老公温柔细心地一下一下给她梳好长发。

我有一次路过走廊,听到她老公在打电话:"妈,你不用再说了,就算她以后再也不能生孩子了,我也不会放弃她!"

他们的故事,我至今想起都觉得温暖。

"你愿意无论顺境或逆境、富裕或贫穷、健康或疾病,都毫无保留地爱他(她),直到死亡把你们分离吗?"

人们因爱而结合,面对婚礼誓词,那么轻易便说出了"我愿意";而等到疾病、困苦真正降临,又有多少人能坚守这誓词?

在这个多变而凉薄的世界里,病痛、苦难发生时给予对方不离不弃的陪伴和支撑,才是一段婚姻最难能可贵的。

真正爱你的人,从来都不会畏惧命运设下的困苦和难关,因为对他而言,最大的痛苦就是失去你。

03

最好的婚姻莫过于,你们一路携手走过青春年华,直到垂垂老矣,他(她)能陪你走过欢畅奔放,也能和你一起经历病痛不离不弃。

一纸婚书,承诺的不只是爱的天长地久,也是一份过命的交情:我痛的时候,你不离不弃;你难的时候,我全力以赴。

前些年,在上海自然博物馆门口,总会出现一位白发苍苍的老人。

他顺着博物馆边沿走一圈,再把整个墙壁摸一遍,走不动了,就坐在台阶上发呆。

他只是想她了。

这位老人,叫饶平如。而他经常呆坐的台阶,是他去世了十几年的妻子美棠当年为了养家糊口,抬了一包包水泥浇筑而成的。

他将和妻子生活的点点滴滴汇成文字和图画,倾心写入了《平如美棠:我俩的故事》一书,感动了几十万人。

书中没有跌宕起伏的爱情故事,有的只是每一个深情相伴的日日夜夜。

六十岁那年,平如患上了急性坏死性胰腺炎。术后十七日未进食,美棠心急如焚却束手无策,只能由他打点滴维持。

术后第十八日,平如虽有便意但解不出,美棠遂以手指将其大便硬块一一抠碎,平如方得以排便。

等他能进食了,住院的一个多月里,美棠每日早上五点排队去买黑鱼,熬成鱼汤送到医院喂他喝下,风雨无阻,直至他病愈。

后来,美棠被诊断为尿毒症,伴随神志不清。平如对妻子的病痛感同身受,经常在深夜里痛哭。

美棠需要每日做腹膜透析,平如便向护士们讨教了办法,购齐了相关设备,每日在家里给她做腹透,一做就是四年。

美棠常嚷着要吃杏花楼的马蹄小蛋糕,平如骑车去买,把蛋糕送到她枕边时,她又不吃了。

平如在《平如美棠:我俩的故事》里写道:"儿女们得知此事,无不责怪我不该夜里出去,明知其实母亲说话已经糊涂。可我总是不能习惯,她嘱我做的事,我竟不能依她。"

在美棠为数不多的清醒的时候,她握着平如的手嘱托"不要乱吃东西",并嘱咐儿女"好好照顾你爸爸"。

比起街角热烈拥吻的情侣,我更敬慕相濡以沫的夫妻。

再美的爱情童话,也抵不过两人一辈子相濡以沫、患难相扶。

纵使时间摧残了容颜,夺去了健康,那个人仍然在你身边,不离不弃,爱你如初。这才是爱情最美的样子。

当爱情走过了灼灼年华,也历经了病榻床前,来到耄耋之年,那才是真正升华为至亲至爱的婚姻。

04

《非常静距离》的主持人李静曾说:婚姻,最终拼的是一个人的教养。她所说的教养,不是穿什么牌子,吃什么餐厅,而是交情和义气。有情有义、诚挚守约、不离不弃,这些品质都是婚姻中的金子。

在婚姻中越走越顺的人,无不是从爱情升华到了交情。爱情讲究感觉,感觉决定了你们能否在一起;交情讲究义气和责任,义气和责任决定了你们能否相携走完余生。

生一场病,可以看透世间很多事,可以看清枕边人,看看你们之间的交情,从而看透自己的婚姻。就像杨澜曾说的:"好的婚姻除了爱,还有肝胆相照的义气、不离不弃的默契、铭心刻骨的恩情。"

人生之路,道阻且长,有顺境,亦有低谷,有年少甜蜜,亦少不了病痛压抑。当那个人在你需要时挺身而出,在你生病时不离不弃,请给他一个深情的拥抱,道一声:"谢谢你,不曾放弃我。"

不出轨就是婚姻的免死金牌吗?

> 把出轨当作婚姻底线的人,
> 一定不会幸福。
> 随意找个人搭伙过日子,
> 难以得到高质量的婚姻;
> 婚姻的意义,
> 也不仅仅是忠诚,
> 还有"共享"和"分担"。

01

"我又没出轨,你还想我怎样?"

某平台上有个问题:"哪一刻你对婚姻死了心?"其中一个高赞回答让我看到了婚姻最凉薄的一面。

女生和老公是大学同学,结婚八年了。可婚后的日子从甜蜜腻歪到不咸不淡再到无话可说,也只用了四年而已。

她说,老公跟她说得最多的就是夸同事的老婆如何体贴细心,如何漂亮能干,明里暗里讽刺她工作不好、待遇不高。她说,那嘴脸常常让她透心凉。

矛盾升级是在孩子出生后。

一个周末,两岁的儿子突然高烧不退。老公拒绝了跟她一起去医院,说:"只是感冒而已,你自己开车带他去就行了。我加班太累了,好不容易补个觉。"

于是她独自抱着孩子穿梭在人来人往的医院,挂号、问诊、缴费、验血、拿报告、复诊、再缴费、拿药,每一项都要排队。

排队超过两小时,中间不能休息,不能上厕所,还要时不时安慰哭闹的娃,九点出门,十二点半才看完病。

她精疲力竭地回到家,老公却舒服地躺在沙发上打游戏,见她回来,又是一顿嘲讽:"工作不好也就算了,连个孩子也带不好!"

她硬憋着没吵架。

因给孩子喂药和哄睡,婆婆和老公快吃完饭了,她才上桌。老公又冷丁来了一句:"你不是不吃饭的吗?为什么还吃!"

她再也按捺不住心底憋了数年的委屈和怒火:"我带孩子排两个小时的队看病,你却在家打游戏。回来不安慰下我,还一直责怪我,你自己付出了多少?"

这换来了老公的歇斯底里:"你不知道我工作忙吗?!我又没出轨,还撑起了这个家,你还想我怎样?!"

婆婆也在一旁扯着嗓子责怪:"我儿子天天那么辛苦,你还这么不懂事,你们这日子我看没法过了!"

她哭喊道:"难道我不辛苦吗?我白天要上班,晚上要带孩子,我休息过一分钟吗?!……"

她觉得头皮一阵阵发麻,不知道这样的婚姻意义何在。在那一刻，她内心的绝望覆盖了对婚姻的留恋。

"我赚的钱都给你了，下班就回家，老实本分，不拈花惹草，你还想我怎样？"这大概是大多数男人的心声吧。

很多男人把自己不出轨当成婚姻的"免死金牌"，认为自己只需要"赚钱养家"，却不知道这个"养"字的真正含义是体贴和关爱妻子、照顾和教养孩子。

只会挣钱、不会养家的男人，充其量只是个赚钱机器，给不了家庭和婚姻任何温度。

02

"聋哑式"伴侣是婚姻的灾难。

新同事阿媛最近正在跟老公办离婚手续。

在上一家公司，她由于工作上犯了点错，不得已辞职，很受打击。回到家想在老公那儿得到一丝宽慰，岂料老公一脸嫌弃，丢下一句："谁叫你那么蠢，认真点！"便再没理她。

她的心当即凉了半截。在公司受委屈也就算了，回到家老公不仅不安慰，还冷言冷语，实在让人心寒。

为了跟老公拉近距离，饭后她试着拉他去小区散散步、聊聊天，可老公宁愿待在客厅刷视频看电视也不去："都老夫老妻了，还学人家小年轻轧马路，不觉得矫情吗？"

跟一群朋友出去玩，其他小夫妻都有说有笑、其乐融融，只有她老公低着头玩游戏、刷视频，全程和她零交流。

她尴尬地小声跟老公说："你那游戏能不能别玩了？大家都在聊天，你也陪我说说话嘛。"

老公却头也不抬地丢给她一句："你自己跟他们玩吧，或者你玩手机也行啊。"

阿媛老公就是典型的"聋哑式"伴侣，多年的婚姻生活似乎在他身上筑起了一层厚厚的茧，他接收不到妻子的信号，捕捉不到她的需要，也不能给她回应。

在她无助时不懂得拉一把，在她沮丧时不能慰藉，甚至在她万念俱灰时还要踩上一脚。

她说："我就像抱着一块怎么都焐不热的石头，抽离了我所有的生机，日子就这样过死了。"

婚姻最恐怖的是两个人的婚姻却唱着一个人的独角戏，最糟糕的是与那个让你感到孤独的人一起终老。

明明是因为爱才在一起，最后自己却成了孤立无援的人。

约翰·戈特曼在《幸福的婚姻》一书里写道："80%的离异男女认为，他们婚姻的破裂是因为他们彼此逐渐疏远，丧失了亲密感，或是因为他们感受不到爱与欣赏；只有20%~27%的夫妻说婚外情要负部分责任。"

婚姻里，最可怕的并不仅仅是出轨或家暴，还有在长久的相处中，两人都慢慢地磨掉了耐性，没有了亲密的往来，没有了灵魂的相照，"我们"渐渐地，成了"你"和"我"。

这时候的婚姻，就像跳进温水里被煮的青蛙，正悄无声息地走向死亡。

03

"我们更像是结了婚的朋友"。

约翰·戈特曼在《幸福的婚姻》里写道："人们对婚姻生活中的性、浪漫与激情是否感到满意，对妻子来说，70% 取决于夫妻友谊的质量，对丈夫来说，同样 70% 取决于夫妻友谊的质量。"

很喜欢王小波和李银河的相处模式。

正式谈恋爱之前，李银河因王小波太丑而拒绝了他。王小波回信说："你应该去动物园的爬虫馆里看看，是不是我比它们还难看。"末了又补充了一句："你也不是就那么好看呀。"这句话把李银河逗乐了，接受了他。

他们像老友一样吐槽彼此，在精神上有着超乎常人的默契。

恋爱初期，他们聚少离多，王小波就用五线谱本子给李银河写情书，仿佛这样做，他的情书也有了动人婉转的声音。

李银河写给王小波的回信也满载意趣和深情，她甚至嗔怪地写道："我还很爱嫉妒，我甚至嫉妒你小说里的女主角和那个被迷恋过的女孩。"

赤诚地爱着一个人的时候，会变成天真的孩子。

婚后的生活虽然清贫，但是两人对精神生活有诸多追求，经常攒钱去世界各地游历。他们相伴走过的每一座城市、每一处风景，都成了彼此铭记一生的回忆。

两个人也总能在生活里找到小乐趣,把日子过得津津有味。

那时候的王小波靠写作还无法维持生计,但是李银河却非常支持他辞职写作。她担下养家的重任,鼓励王小波:"好好写,将来诺贝尔文学奖就是你的。"

李银河一直坚信王小波是文学天才。正是在她的支持下,才有了王小波日后轰动文坛的"时代三部曲"。

相比夫妻,他们更像是一对懂得彼此、配合默契的老友:互相独立又互相依赖,一起像孩子一样寻找生活中的小乐趣,平等地付出和接纳,给对方足够的空间和支持。

这样的亲密关系,是最舒服的。李银河才会说:"我们的生活平静而充实,共处二十年,竟从未有过沉闷厌倦的感觉。"

《社会与人际关系》杂志刊登了一项研究,发现夫妻间牢靠的友情是婚姻长久的秘诀,重视与伴侣的友情有助于拉近两人距离,提高亲密度和性满意度。

婚姻里,比不出轨更重要的是夫妻二人结成同盟,用一些充满"小确幸"的细节,共同对抗漫长生活的无聊、沉闷。

王小波写给李银河的信中,有一句关于婚姻的最美诠释:"我和你就像两个小孩子,围着一个神秘的果酱罐,一点一点地尝它,看看里面有多少甜。"

舒服而长久的婚姻,不该是等待爱情消磨在生活里,而是和爱人一起找到生活藏起来的糖果,即便在大风大浪时,也能把日子熬成蜜。

04

随意找个人搭伙过日子,难以得到高质量的婚姻;婚姻的意义,也不仅仅是忠诚,还有"共享"和"分担"。共享彼此生命中的喜悦和成就,一起去探索生活的乐趣,分担彼此面临的困境和沮丧,以及生活的琐碎和那一地鸡毛。

把不出轨当作婚姻底线的人,应该不会幸福。婚姻的底线,应该是欣赏和包容、关爱和努力。

我欣赏你的抱负,支持你的梦想;你理解我的脆弱,包容我的脾性。积极回应和关爱对方,为了共同的生活目标一起努力。

这才是爱情本来的样子,也是婚姻延续的基础。

Part 4

你身上有光，我抓来看看

余生不长，
要和滋养你的人在一起

> 人与人之间，
> 存在一个能量场。
> 好的关系，会彼此滋养，
> 让你变得平和、积极、自信、自洽；
> 而不好的关系，只会无尽地消耗你，
> 让你变得破碎、消极、自怨自艾。

01

中考时，我以优异的成绩考进了我们县最好的高中。

刚进高中，我就遇到了一个让我很"别扭"的人。她就是我左边的同桌，姑且叫她左同学吧。

之所以说"别扭"，是因为她一方面对我还不错；另一方面，她又总是想着法儿地贬低我，甚至让我公开出丑。

她是走读生，家境很好，家里是做服装生意的，经常带很多好吃的给我，她知道我爱做笔记，总会找由头送我不同类型的漂亮本子。

高一时我严重偏科，尤其是物理成绩，有一次只拿了二十八分，被她嘲笑了整整一个学期：

"你都那么努力了，怎么老考这么点分儿？"

"你这样肯定考不上大学，回老家种地去吧。"

……

但她每次的物理考试分数也只是刚到及格线而已。

给我印象最深的，是有个周末，她邀请了几个同学一块儿吃饭，有男有女。我本不想去的，但她屡次催促，说不去就绝交。

我最终还是去了。刚到地方，她对我上下好一顿打量，第一句话竟是："你怎么穿得跟个抹布似的？"周围一顿哄笑。

她不知道的是，那件衣服是父母节衣缩食给我买的，作为我考上了重点高中的奖励。

接着，她亲热地搂过我的肩，向她那几个不认识我的朋友介绍我："这是我同桌兼朋友，就是物理考二十八分那人。那个力学的箭头啊，我怎么教她她都不会画。"周围又是一顿哄笑。

那顿饭对于我来说，味同嚼蜡。

类似这样让我觉得不舒服的时刻还有很多：

"你的骨架太粗了，一点都不好看。"

"你还是别笑了，一笑起来眼睛就没了。"

"你这么木，谁会瞎了眼喜欢你啊？"

……

作为一个没见过世面的农村孩子，我那时的内心秩序还不稳固，敏感又脆弱。听的次数多了，便不由得怀疑自己，觉得自己哪儿哪儿都差劲，越来越不开心。

她让我由衷地觉得，自己活得很失败，是一个彻头彻尾的 loser（失败者）。

02

高中时，我们是三人同桌，我坐中间。我右边的同桌，是一个内心明媚的女孩子，姑且叫她右同学吧。

她微胖，五官却生得极好看，皮肤是白皙中透着粉嫩，个子高，声音温柔，看上去就是岁月静好的千金模样。

后来我才知道，她父亲是公务员。

她和我一样，是慢热型的人。很长一段时间之后，我才和她熟稔。

这两个同桌都出生于富裕的家庭，但右同学身上没有左同学身上那种居高临下的凌厉气场。她平和又温暖，熟悉之后，又会偶尔显露出机灵和俏皮，让人不由得心生喜欢。并且，她永远能看到别人身上的闪光点。

语文考试卷发下来后，她跟我说："我最喜欢看你写的作文了，都被老师当范文啦。你教我写好不好？"

对于那次我物理考二十八分，她拍拍我的肩膀说："没关系的，这次题目确实比较难啊。要是实在不擅长，将来可以学文科嘛，一样能考上好大学。"

而每次左同学拿这个梗嘲笑我，她都会义正词严地制止她："你有完没完啊？！"

体育课上，她会一边帮我整理校服，一边夸我："骨架粗怎么了，你又不胖，个子还高，这样的身材最完美啦。"

后来，我去了文科，她留在了理科，但我们依然会约着一起吃饭、散步、学习。

她总是在不同时间提醒我同一件事："你很好。""你很有才华。""你很优秀。"于是我也逐渐相信：嗯，我很好，我很有才华，我很优秀。

这对于一直活在自卑和负面评价里的我来说，是多么重要的一件事啊。

高中三年，我和右同学不离不弃，互相鼓励，她成为我晦涩艰难的高中岁月里唯一照向我的那束光。

高三时，她在我的同学录上写了很多话：

"你的性格真的很好，情绪稳定、真诚又重感情。随着相处的深入，你真实的一面展现在我面前，那一刻，我想带你走向坚强。

"我知道自己很不自觉，很贪玩，做事总是三分钟热度，还好有你不厌其烦地鞭策我学习。我有时多愁善感，总为朋友的事情困扰，还好有你的开导平复我内心的躁动。遇到你，我很幸运。"

原来，不仅她在温暖着我，我也在支撑着她。至今读来，我依然会感动得热泪盈眶。

这种双向奔赴的情谊，成为我青春时光里最温柔、最光亮的记忆。

而那位左同学，我和她后来越来越疏离，文理分科后，我们彻底断了联系。

真正的朋友会滋养你，给你的永远是鼓励和支持，会看到你的好，也会让你看到自己的好，而不是打压你，以玩笑的名义嘲讽你，试图把你拖下水，让你觉得自己一无是处。

余生不长，我们不用把所有人都请进生命里，留下那些喜欢我们的人足矣。

03

一年多前，我在某个社群里认识了松诺。

我慢热，往往要经过很多时日的磨合，才有与人深交的可能，更何况松诺只是线上未曾谋面之人。

我对她的印象深刻，不仅因为她有很多闪闪发光的标签，还因为她是群里唯一一位认真回应消息的人。

我对温暖又真诚的人向来没有抵抗力，忍不住主动加了她的微信。

倒是她先向我打招呼："雪婵这个名字很好听啊，有什么特别的含义吗？"

我有些讶异，这么多年来，她是第一个问我这个问题的人。

我把名字背后的故事说与她听。

她又发来了长长的消息，大意是感谢我的坦诚，让她知道了这个动人的故事，又感谢我的信任，愿意跟她聊如此深入的话题，还表达了结识我很开心。

我看着她发来的那条长长的消息，有些感动。

在这个互联网筑起的重重围墙隔断了人与人之间真情交流的时代，在这个人人拼命努力、惜时如金的时代，愿意认真回复长长的走心消息的人，内心必然也是善意、温暖的。

后来我们日渐相熟，或主动或被动地有了进一步的深交。我们互相分享生命故事，一起旅行，也聊到了自己一些不为人知的小秘密和小梦想。

她不止一次告诉我：

"雪婵，你那么好，值得拥有很多很多爱，拥有这世间的一切美好。"

"雪婵，你知道吗？你很优秀，你一定能过上你想要的那种生活。"

……

她总能带给我很多感动和滋养。

一生辗转，有些人出现就是为了懂得你、温暖你、成就你。

《高敏感是种天赋》一书里说："自卑敏感的人一定要多和愿意鼓励自己的人，以及能看到自己优点的人做朋友。"

对此我深以为然。

他人的鼓励和赞美对一个自信满满的成年人或许意义不大，但对于一个高敏感的人来说，那些发自内心的鼓励和赞美，是一种理解、一种照拂、一种善意，能妥帖地抚慰自己的每一寸忐忑和脆弱，带来力量。

04

后来,我又遇到了一些愿意给我鼓励和赞美的人,她们是读者,是学员,是喜欢我文字的人,是默默关注我的人。

我很庆幸,也无比感恩。我将他们给我的反馈和回应一一收集起来,集结成文字。文字会帮我记得那些细碎的温暖,和那些照亮过我的微光,也时刻提醒我:投我以木桃,报之以琼瑶,出现在别人的生命里,要像一个礼物。

哈克老师在《做自己,还是做罐头》里写道:"如果要进步成长,就要记得把自己的眼光,从被批评的世界里,移动到那些真心爱我们、鼓励和支持我们的世界里。因为在这样的氛围里,我们会一边成长,一边喜欢自己,而不是表面上成长了,表现好了,但却越来越不喜欢自己。"

人与人之间,存在一个能量场。

好的关系,会彼此滋养,让你变得平和、积极、自信、自洽;而不好的关系,只会无尽地消耗你,让你变得破碎、消极、自怨自艾。

余生不长,给自己的这份幸运,就是去靠近那些愿意喜欢和滋养你的人,相互赋能,彼此成就,在时光的流淌中,遇见最好的自己。

懂得沉淀，
年龄就是你的勋章

> 人生哪有什么"太晚了"，
> 只要活着，就永远可以奔赴热爱。
> 年龄从来都不是衡量成长和成功的标准，
> 在岁月里的从容、深耕、思考、沉淀才是。

01

说真的，一开始读《悠悠岁月》这本书时并没有什么兴趣，感觉就是一个法国人的碎碎念，陌生而遥远。

但因为是诺贝尔文学奖获奖作品，我还是耐着性子往下读。没承想，越往后读，越爱不释手，一位女性、一个母亲、一个女儿、一个退休女教师、一个年过半百热爱写作的女人……太多太多身份的重叠，使作者安妮·埃尔诺的内心独白引发我强烈的共鸣。

正如瑞典文学院所说，"她的作家之路是漫长而艰辛的"。获得诺贝尔文学奖这年，她已经八十二岁了，依然孜孜不倦地写作，还出版了新书。

她如此真诚而勇敢地面对和探索着自己的内心,她让我想起了波伏娃、伍尔芙、杨绛……还有许许多多不为年龄所困,勇于自我探索并努力实现自我的知识女性。

安妮·埃尔诺的人生并没有那么多高光时刻,她出身于法国底层阶级,父母是开小食品杂货店的。她和我们绝大多数普通人一样,没有光鲜的履历,只是一位再平凡不过的教师。

她大学本科时就完成过一部小说,投到出版社却被拒稿,但她没有放弃写作。毕业后,她一边工作,一边写作,终于在三十四岁时出版了第一本书。此后,她依然笔耕不辍。

她写作是源于对自身的探索:她写自己的童年、自己与身边人的关系、自己现在的生活,她写自己的亲密关系,写自己在超市、火车站、地铁里遇见的人,甚至出版过日记。

迄今,她出版了二十多部作品,被译成二十多种语言。

岁月静静流淌,在她的身上,我们丝毫看不到年龄带来的局促和焦虑,她的代表作《悠悠岁月》就是她历经二十余年思考、沉淀、推敲的杰作。可以说,没有漫长岁月的沉淀,就不会有这宏大的叙事。

二十年磨一剑,年龄非但没有成为她的阻碍,反而成为她一朝成名天下知的助力。

持续表达和输出的人,随年龄而来的经验和阅历,会成为他的一种底气。

02

近两年，人们议论最多的话题有时间、年龄、三十五岁焦虑。

我们所处的是一个焦虑内卷、躁动求快的时代，小学、中学就在为未来考什么大学而焦虑，大学里就要挤破脑袋去实习，毕业后干着不喜欢的工作也不敢随便辞职。

人们也更倾向于歌颂少年得志：9岁女孩在联合国演讲，18岁青少年独立创业获得奖项，"00后"女孩靠做自媒体月入百万……

不知不觉中，年龄被当成人生抉择的重要考量标准，人们开始反问自己：我是不是已经错过了做某件事情的最佳年龄？三十五岁了功不成、名不就，是不是混得很失败？现在才想做某件事，是不是已经太晚了？

最近看一个访谈节目，被访谈的心理学老教授说起了自己的一位来访者。

这位来访者二十八岁，对自己的人生有诸多失望：没有完成他想要达成的目标，没有好看的外表，没有很高的天赋，也没能在他想要去的地方。

他打开社交媒体，发现很多同龄人拿到了更高的学位，或者已经结婚生子，也赚到了多于自己好几倍的钱，他觉得自己活得很失败，人生没有希望。

老教授跟他说："相信我，我活了这么久，知道人生最糟糕的十年就是二十到三十岁。我们的大脑在二十五六岁之前还没能发育完全，还没能真正搞清楚我们是一个什么样的人时，就被迫做出有关工作、伴侣、生育的重大人生抉择，所以二三十岁时我们遭遇各种问题是很正常的。我们要有耐心，别太心急，一切都来得及，别被社交媒体带跑了。"

我的心被老教授的这段话狠狠戳中。

人们回首往昔，总会说："十几、二十几岁是人生最美好的时光。"但我们也知道，这段年岁里藏着多少"兵荒马乱"：

在高中还不懂得专业知识时，就要选大学、选专业；在大学毕业前夕，还没体验过职业时，就要规划职业发展；高中的时候被禁止早恋，刚步入职场没几年却又被催婚；在自己还像个孩子时，就被要求抓住身体的黄金期早点生孩子……

我们都在被社会时钟卷着往前走，很难探索真正的自己，很难沉下心坚持自己的爱好。

我们总是着急成功，渴望年少有为，看到社交媒体上的同龄人事业有成、幸福美满，就觉得自己落后了一大截，哀叹自己一事无成。

其实，每一朵花都有自己的花期，每个人的成长也都有自己的步调。三十多岁的女性，有的孩子已经十岁，有的还没有结婚，有的每天加班应酬，有的"裸辞"，享受着诗和远方。

你能定义哪种人生是最好的吗？

每个人都拥有自己的生活方式，每种人生节奏都值得尊重。

安妮·埃尔诺三十四岁才创作出第一本书，八十二岁还能拿到诺贝尔文学奖，她用她的一生告诉我们：

年龄从来都不是衡量成长和成功的标准，在岁月里的从容、深耕、思考、沉淀才是。世界上也没有任何一种成功可以一蹴而就，没有一定时间的探索和积累，所谓的成功只会是空中楼阁。

我们可以允许自己三十岁还在摸索人生方向，也可以允许自己八十岁还在挑战自我。

不要花自己的时间，去跟随别人的节奏。

03

最近读完了《秋园》，被杨本芬奶奶质朴的文字和真诚的故事感动得泪流满面。

她从小喜欢读书，因为家境困难，未曾受到良好的教育，却保留了读书写作的习惯。六十多岁时，她从工厂退休，儿女也都已成家，她才开始在厨房的一方矮凳上，写一本关于自己母亲的书。

在四平方米的厨房里，在饭菜的香味和抽油烟机的轰鸣声中，她一边回忆一边写，一边读一边改，稿纸就有八斤重，或许其中还混合了眼泪的重量。

八十多岁时，她成为一名作家，陆续出版了三部作品《秋园》《浮木》《我本芬芳》，得到来自专业人士和普通读者的一致肯定，横扫近年来大大小小的文学榜单和奖项。

接受采访时，她被问及："有没有想过为什么很多读者都喜欢您的作品？"

她坦然答道："我就是把生活中的事情记录下来，不管别人的看法如何。我只是在老了以后，做了一件自己喜欢的事。"

人生哪有什么"太晚了",只要活着,就可以奔赴热爱。人生也没有什么正确答案和正确时机,走过了,经历了,自然都是你的。

时间流逝纵然不可违,年龄增长已然不可逆,我们能把握的是,在人生阅历和毕生热爱里沉淀和成长。

三十多岁的确是个容易焦虑的年纪,尤其对女性来说。

男人可以一心扑在事业上,但是女性再忙也不会忽视家庭,这份责任让我们在家庭、事业和自我成长三者之间拉扯,甚至牺牲个人以迎合家庭所需。

于是,焦虑在每一个不经意的瞬间堆积而成:当读一本书时被洗衣机结束的声音打断,当上网课时被孩子的哭声惊扰,当职级晋升被多次请假耽误,当自己的爱好被各种生活琐事埋葬……

我们焦虑的真正来源,并非日益增长的年龄,而是缺少与年龄相匹配的精神深度和自我内核,看不到自己的改变和成长,无法创造价值,对做一件事抱有快速看到效果的执念。

人生如同跑步一样,都得自己跑到终点,所以不必焦虑出发时有人比你快。

流水不争先,争的是滔滔不绝。只要你一直坚持跑,终点迟早会来。

就像余世存在《时间之书》里所写:"年轻人,你的职责是平整土地,而非焦虑时光。你做三四月的事,在八九月自有答案。"

前提是,你要有投入,找到自己喜欢做的事情,找到自己人生价值感的来源，日复一日持续为它付出。这个过程可能很辛苦，也许会失败，会有很多挫折的时候，扛过去，把时间轴拉长，再耐心一些，有了人生经历的沉淀，你就会迎来属于你的高光时刻。

愿所有女性，都不被年龄限制，不惧寂寂无闻，在自己的天地里耕种，孜孜不倦，徐徐图之，用沉淀丰盈悠悠岁月。

与其被照亮，
不如去发光

> 与其被照亮，不如去发光。
> 闪着光的人，
> 也要看见你身上的光，才会被你吸引。
> 而你身上的那束光，
> 来自你不动摇的坚持、不盲从的笃定，
> 以及在自己热爱的领域的深耕。

01

在过往的生命中，你有过发出光照亮自己和他人的时刻吗？

汶川地震十五周年纪念日那天，我路过长沙某条街道时，被街边大屏幕上放映的对一个女孩的采访吸引。她说："身体上的缺失并不影响我们对生活的热爱，不完美又怎样，我们依然可以闪闪发光。"

她明媚阳光的笑容里散发着温柔坚定的力量，如同一束光，直直撞进人们心里。

随即镜头一转，是2018年第一届汶川半程马拉松赛现场。

她奔跑着，缺失的右腿被一条钢制假肢代替。她跑得很慢、很吃力，汗水浸透了她的头发、上衣，她依然咬着牙，用 3 小时 53 分钟跑完了 21.0975 千米。

这个女孩就是牛钰。

十一岁生日那天，她正期待着妈妈准备的生日宴，可汶川大地震破碎了她的生日愿望。

顷刻间，教室被夷为平地，她在废墟下被埋了三天三夜。获救后，她的右腿被截肢，为了保住左腿，她经历了大大小小三十多次手术，苦不堪言。

手术后是漫长的黑暗。

她变得自卑，习惯性地将自己隐藏起来，每天用海绵裹着假肢，只穿长裤，很少笑，甚至很少说话。

在命运的谷底，她一边忍受着伤疤与假肢摩擦带来的痛苦，一边像刚出生不久的孩子那样重新学习走路。

直到十年后，遇到这次以"新生"为主题的汶川马拉松赛。

那天，是她二十一岁的生日。她说，参加马拉松，是送给自己的一份特别的生日礼物。

而她，也真的成功跑完了全程。

从那时起，她渐渐与自己和解。她意识到：只有真正从内心接纳自己，喜欢自己，才会更有力量、有勇气面对以后的生活。

此后，她卸下了厚重的海绵，大方露出自己的"小钢腿"，走T台，做短视频编导、摄影师、自媒体博主……她开始赋予自己的人生越来越多的可能性，活得独立而生动，被称为"钢腿女孩"。

2023 年，她当选为四川省第十四届人民代表大会代表。她呼吁社会关爱残障人士，将其引为自己的人生使命，做了很多实事。

她也终于迎来了爱情。一位帅气的消防员小哥哥因一场救助与她结缘，被她开朗乐观的性格深深吸引，主动告白，成为她的男友。

然而她在网上那些充满正能量的分享却遭到了一些人的诋毁和恶意骚扰。

看到这些言论，她也会难过，但更多的是勇敢和坦然："别人永远无法定义我们，只有我们自己知道我们是什么样的人。你想做什么就去做，你想爱谁就勇敢爱。"

她并未被这些攻击干扰心态，那些经历反倒成为她更加热爱生活的踏板。

想起著名编剧廖一梅的一句话："人应该有力量，揪着自己的头发把自己从泥地里拔起来。"

牛钰就是有一股力量，活得像光一样，为自己的生命建立了一道固若金汤的护城河。

阳光开朗又乐观自信的她，如温暖的阳光照亮了别人的生命，鼓励无数人走出了阴霾和低谷。

勇敢的人，不是从来不落泪的人，而是愿意含着眼泪继续奔跑的人。

02

时代倡导"独立",但同时,又有无数人总是在旁人身上寻求慰藉,期待通过他人获得救赎。

人世间,有人住高楼,有人在深沟,有人光芒万丈,有人一身铁锈。

我见过时运不济、浑浑噩噩,躲在键盘后面责怪社会、污言秽语的人,也见过出身贫寒、一身伤病,却热爱生活、心中闪耀灿烂星空的人。

不同的选择,拥有的是迥异的人生;一念之差,也许就是天堂和地狱之别。而掌控这一切的,都是自己。

倏然想起《霸王别姬》里的那句话:"人啊,得自个儿成全自个儿。"

换句话说,你得自己发光,照亮自己的路。

就像有记者在采访牛钰时说:"你应该感谢你受过的苦难,它们造就了现在的你。"

她父亲却不以为然:"苦难有什么好感谢的,她应该感谢她自己。"

独立从来不是一句口头宣言,也不是一件华美的外袍,它是长在你骨子里的硬气,和敢于发光的勇气。

我在另一个出生于1993年的东北女孩身上,也看到了这种硬气和勇气。

她毕业于普通大学,没背景,没人脉,却抓住一切机会给电视栏目打电话主动寻求实习机会，频频被拒后仍不放弃，在门外站五个小时只为获得一次面试机会，终于争取到一个实习岗位。

毕业后，她凭借自己的努力进了央视。但十年前就萌发的走遍世界的梦想一直在她的心头挥之不去。

二十五岁，她几经挣扎，终于决定听从内心的声音，去看看这个世界。她说："我不想做体面的普通人，不想让自己的人生一眼就看到终点。"

二十八岁，她成为一名有百万粉丝的旅行博主，飞行了七十多万千米，足迹遍布世界五大洲、一百多个城市。

她过上了自己年少时梦想中的生活。她的视频治愈了很多人，她身上的拼劲儿和不服输的精神激励了很多人去逐梦。

她就是我一直喜欢的旅行博主兼畅销书作家房琪。

一年飞行四百多个小时，跨越三十多万千米；白天拍摄，在飞机上、高铁上、车上抓紧剪辑；文案则是在深夜一字一句精心打磨出来的，即便生着病，也从未落下过……

这比待在舒适的办公室工作要辛苦太多，但房琪将此视作年轻人与世界平等对话的资本。她就这样，在寻找自我的过程中，活成了一束光，照亮了很多人。

她用三个字总结了这几年的成长——"靠自己"。

"靠自己"让她获得独立的人格，缓解了焦虑，拥有了底气，也越来越爱现在的自己。

曾听过一句话："不论何种际遇，都要做自己喜欢的人。"

年轻女孩，不要寻求存在感，而是要致力于挖掘自己最大的潜力，成为闪闪发光的自己。

与其被照亮，不如去发光。闪着光的人，也要看见你身上的光，才会被你吸引。而你身上的那束光，来自你不动摇的坚持、不盲从的笃定，以及在自己热爱的领域的深耕。

03

二十几岁时，我习惯在别人的评价中找寻自信，总是希望能寻到一束光照亮自己，希望遇见什么人，可以温暖我的脆弱，治愈我的自卑。

步入而立之年，我才发现，没有任何人能承载我的余生，没有一束光会为我长亮。

如果人生真的需要一束光，那这光，也只能是自己。这个世界上有人深爱你，也一定是因为你是自己的光。

杨绛先生说过："这个世界上没有不带伤的人。无论什么时候，你都要相信，真正治愈自己的，只有自己。不去抱怨，尽量担待；不怕孤单，努力沉淀。"

每个人来到这个世界上，都有自己的使命，都能活出与众不同的一生。

世俗的价值观不过是束缚自我的枷锁，而爱恨交织、痛苦挣扎、抑郁沉思、磨难历练都是开启内心真我之门的钥匙。我们要找到纯粹、真实、原始的自我，发出独特的光。

这道光会证明：你，曾经来过。

它可以是一首歌、一本书、一个梦想，在你思绪烦乱时，让你心安，在你彷徨无助时，给你力量。

它也可以是一腔热爱、一种技能、一项新知，在你心灰意冷时，让你看到新的世界，在你走投无路时，让你拥有新的机会。

不是每个人都得成为耀眼的太阳，我们可以只做星星和萤火，发出独属于自己的光亮。

而这一束微光，也足以照亮自己，并导航相逢的人。

愿你刚毅，也温柔，有提刀屠龙的勇气，也心怀温暖的希望，在你热爱的世界里，活成一个浑身散发光芒的人。

精减你的人生节目单

> 最好的人生,
> 便是择一事,终一生。
> 简化人生"节目单",
> 把那些冗余的欲望和诱惑减去,
> 找到你更能做好的那件事,
> 长期深耕。

01

我身边有一个"考证达人"。

她本科念的是行政管理,意识到本专业无突出优势,也无法让自己有一技之长,为了预防碰到职业瓶颈,她考虑转行,便在考证的路上一路狂奔。

她对心理学特别感兴趣,先是考了二级心理咨询师证,却发现成为一名心理咨询师太难了;得知我是财务人员,她便觉得做财务也不错,又考了会计从业资格证;后来看到家庭教育行业很火,遂考了家庭教育指导师证……

前段时间,她在准备教师资格证考试。

考完后,她更焦虑,也更迷茫了:"你没看到今年考教师资格证有多卷,我前后左右都是研究生。这些年,我考了这么多证,学了这么多东西,好像都没用,不知道要怎么办了……听说自媒体赚钱,要不我去做自媒体吧?"

我试探地说:"或许你的问题不在于考多少证、学多少东西,而在于这么多年了,你都没有确定自己到底要做什么。"

她沉默了一阵,恍然大悟。

你是否也遇到过这种职业瓶颈,而不断给自己加码,把自己变成"万金油",读书、参加培训、考证……时间和金钱花了不少,但最后的结果,依然是两手空空?

人们总以为,技多不压身,多读书、多学习,就一定能成功,却没想到,成功的路上,卷到自己怀疑人生。

很多时候,并不是和自己一起卷的人有多厉害、多优秀,而是对自己没有精准明确的定位,不知道自己要干什么,才会病急乱投医、盲目地卷。

美国作家加里·凯勒在其著作《最重要的事,只有一件》中写道:"每个人的时间和精力都是有限的,如果想面面俱到,那么你将筋疲力尽,哪样也做不好。"

想要跨越阶层、改变命运,就要给人生做减法。

02

作家梁晓声在年轻时得到一个可以去部级单位工作的机会,未来前途一片大好。彼时，他刚刚开始文学创作。

他很清楚自己的心性不适合机关工作，拒绝了这个机会，转而去了电影制片厂。

同样的机会在他四十岁那年又出现了，这次是一个没什么压力的正局级职位，多少人梦寐以求。但他依然拒绝了，说："我早就将仕途人生从我的人生节目单上删除了。"

四十五岁那年，梁晓声和几位作家朋友去哈尔滨参加冰雪节开幕式，遇到几十位仰慕他们才华的台湾地区商界人士。他们邀请梁晓声和另一位作家谌容做其在大陆发展商业的全权代理人，投资金额、年薪股份、车子房子等投入多少均由梁晓声和谌容决定，运营上也给予超高自由度。身边好友也劝他别写作了，写作太辛苦，建议他尝试商业人生。

为此他失眠多日。面对如此泼天的富贵和一切自己说了算的自由，他难免动心。

难以抉择之际，他去请教李国文老师。李国文告诉他："我也不能替你拿主意。但依我想来，所谓人生，那就是无怨无悔地去做相对而言自己比较能做好的事情。"

纠结多日，他确定了自己擅长与喜好的并不是商业，自己"比较能做好的事"，只有文学。

他婉拒了对方，将所有时间和精力继续用于深耕文学创作。

尔后的二十余年间，他不断写出新作品，斩获无数殊荣。

七十岁那年，他的长篇小说《人世间》获得第十届茅盾文学奖，改编的同名电视剧也成为播出当年的"爆款"。

他说："上苍赋予每个人的人生能动力是极其有限的，故人生

'节目单'的容量也肯定是有限的，无限地扩张它是很不理智的人生观。……所谓人生的价值，只不过是要认认真真、无怨无悔地去做最适合自己的事情而已。"

一种人生真相是，无论世界上行业如何丰富、机遇如何多，我们每个人能做好的事情，永远就那么几件，有时，仅仅一件而已。

人们之所以浮躁，就是因为一味地给自己的人生"节目单"增加种种不重要或做不来的事情，从而使自己比较能做好的那件事在人生节目单上无法简明清晰地凸显出来。

无止境的内卷背后，其实是无处安放的焦虑。越焦虑就越卷，越卷又越焦虑，如此循环往复。

破除内卷，需要减法人生：将那些干扰我们的事情，不断地从我们人生的"节目单"上精简、精简、再精简，聚焦精力做好最重要的那一两件事。

这里"做好"的意思是：在一个领域长期深耕。

03

前段时间读巴尔扎克的故事，我大受触动。

他办过厂，经过商，开过公司，却都无以为继，还欠下巨额外债。痛定思痛，他将除写作外的所有事情从自己的人生"节目单"上删除，立志此生唯一要走的便是写作之路，但在三十岁前他从未写出过令自己满意的作品。

而且，剑桥大学的一位院士看过他的作品《克伦威尔》之后说：

"这位作者随便干什么都可以,就是不要搞文学创作。"

这说明他多没有天赋呀,要是换作普通人,或许就放弃了。

但他利用时间的力量,长期不知疲倦地创作。每日零时起床,简单洗漱后就开始提笔写作,眼睛流泪了,手指麻了,太阳穴跳得厉害,他也不休息,喝杯浓咖啡提神再写。晚上八点上床睡觉,四个小时后起床,又开始全心投入一天的写作。他每日要写作十几个小时,喝几十杯又浓又苦的黑咖啡,就这样日复一日,昼夜不歇地创作。

为了写出好作品,他不厌其烦地修改,必要时甚至会大段大段地重写。一本名叫《老处女》的小说,他一连改了九次。

他不断完善自己的风格和水平,逐渐摸索到适合自己的方向,创作出优秀的作品。1831年,他的《驴皮记》出版,名声大震。他在二十多年的创作生涯中,完成了九十多部小说,其中不乏《人间喜剧》《高老头》等传世之作,由此他被誉为"现代法国小说之父"。

在生命的最后时刻,他仍念念不忘自己未完成的作品。

在文学创作上,他不过是个天分非常有限的普通人,但他认定了这是自己一生要做的事,便在这个领域长期深耕,这才有了日后的梦想成真和声名大噪。

就像罗振宇所说:"普通人的努力,在长期主义的复利下,也会出现奇迹。"

任何一个人,不管天资多少、力量强弱,只要找到此生可为之事并长期坚持去做,长期主义的复利价值就会给你意想不到的惊喜。

令人欣喜的是,这并不要求你天赋异禀,长期坚持的毅力可以通过后天培养获得。

最好的人生，便是择一事，终一生。简化人生"节目单"，把那些冗余的欲望和诱惑减去，找到你更能做好的那件事，长期深耕。

这样一种人生态度，更适合我们这些资质平凡，却又想尽力将人生过出些色彩之人。

04

主持人白岩松说："三十岁以后就要学会做人生减法，打深井！我接触了很多人，都是做减法成功的人，我几乎没有见过不断做加法成功的人。"

三十岁以后，应该对生活有所判断，懂得取舍，忽略不重要的东西，做最重要的那件事，并深入下去。

不妨想想：十年后的你，想成为什么样的人？现在的你，能为将来的自己做些什么？

站在十年后看现在，如果觉得这件事没有意义，那当下的你就该摒弃它。确保自己现在做的事，都有助于你一步步接近未来理想的自己。

精简人生"节目单"，找到人生关键词，就会知道自己该做什么，然后坚持付诸行动，把事情做到极致，就能实现自己想要的人生。

成功，需要你坚持做对的事，而不是做对每件事。

我想要这世上有束光，
只为我而来

> 人们并非千篇一律，
> 不必按照别人的生活刻画自己的模样。
> 你有独特的人生，
> 来人间一趟，
> 如果仅仅因为想做的事和别人不一样就不坚持了，
> 那人生还有什么意义呢？

01

好友小檀邀请我去她朋友开的私房菜馆吃小龙虾。

菜馆规模不大，装修透着古朴和文艺，墙上有一些关于美食的诗词，可以看出老板的用心。我们点了一盘卤龙虾、一盘长沙口味虾、一盘芥末罗氏虾、一盘老豆腐，外加一个炒青菜。

当菜上齐，桌上的龙虾比我在别处看到的都要个大和新鲜，色泽红亮，质地嫩滑，口味鲜香。一大桌子菜虽都是以龙虾为食材，但不同的做法却呈现出完全不同的口感。

小檀边剥虾边告诉我："这家店所有的菜，从购买食材到出锅装盘，所有流程都是老金亲自操刀，所以每日供应很有限。今儿算我们运气好。"

她认识老金四年了,初识老金就是朋友带她来这家菜馆吃了一次饭,一来二去,二人就成了"凌晨三四点突然想吃好吃的,叫上对方开车八小时去吃"的江湖兄弟。

"我某一次路过去店里找他,看见他窝在后厨一只一只地刷洗龙虾。后厨很干净,在这里吃饭不用担心卫生问题,他完全是按照给自己做饭的标准来对待每一位食客,生意好得不得了。"

不仅如此,为了寻到新鲜地道的食材,老金也肯下功夫。

就拿腊肉来说,湘西的腊肉是湖南最地道的,他提前一年就跟那边的农户预订好几头猪,让他们严格按照湘西独特的传统方式熏制腊肉,半夜从长沙开车到那边去拉货。

他们店的一个招牌菜是甲鱼汤,老金自己研发的。这道汤工序复杂,熬制得花两天时间,需提前预订。

老金却说:"做这些事情我很开心啊。吃是生命里多重要的事,怎能含糊?"

在老金身上,我看到了厨师的匠心。

02

那天吃到最后,老金陪我们坐了坐,我得知了他的经历。

他硕士出身,早年间在上海做过审计,也做过金融,非常忙碌且常需出差。他对自己的工作虽谈不上喜欢,却也做得不错,攒了些钱后,在陆家嘴购入了一套小公寓。

三十七岁的某一日,他一身倦意地从重庆出差回到公司,已是晚上十点了。他看着格子间埋头加班的同事,突然悲从中来:"那一刻,我感觉我们就像是一架架毫无区别的机器。我就想啊,难道我这一生就这样了吗?每天疲于奔命,按照被设置好的程序活着?"

他从小就喜欢吃,也十分会吃,烧菜的手艺也是一绝,这些年出差时走南闯北,也给了他机会品尝各地的美食。

他被尘封的年少时就有的梦想,是当一名吃遍天下的饕客,开一家酒楼,搜罗各种美食。只是后来他越来越忙,很多时候连饭都没法好好吃。

"那你是怎么想到回长沙的?那么好的工作,你说放弃就放弃了?"我佩服他孤注一掷的勇气。

他扶额沉思了一会儿,说:"其实也纠结了好一阵儿。但我想,如果我继续那样生活,我就做不了自己真正想做的事了,那我来到这世界是为了什么呢?难道就是为了和别人做一样的事,遵循所谓的'正确'而活吗?那我和其他人又有什么区别呢?这世界上大多数人,做决定时往往反复权衡计算,做了'我应该',代价常常是压抑了'我愿意',有些人甚至压抑了一辈子,最终成为一个永远正确却十分无趣的人,这一辈子也就到头了。我不想那样。"

他喝了一口啤酒,两手一摊,继续说道:"况且,只要人不懒,怎么都能生存嘛。我是长沙人,我就把上海的房子放租了,去全国各地学习和考察了一圈,回到长沙,开了这个菜馆。刚开始也经历了一段入不敷出的状态,后来才慢慢好起来。其实回来后,我就特别后悔……"

后悔?我们齐刷刷看向他。

他顿了顿，哈哈一笑，轻拍了下桌子："是啊，后悔没有早点辞职啊。"

随即他敛了笑，一本正经地说："人这一生就这么几十年，过了也就没了。每个人都应该找到自己真正想走的那条路，成为他自己，而不是随波逐流。"

他今年四十二岁了，尚未成家，说一切随缘。看他的状态，总是乐呵呵的，似乎很享受现在的生活。

他说："每次听到顾客说我的菜好吃、下次还来，我就特别有成就感，也因此认识了不少有趣的朋友，想休息时就会和他们结伴旅行。这是我在上海工作时从来没体会过的快乐和自由。"

这一整晚，老金说的那些话看似鸡汤，却像极了他舌尖上的人生，有滋有味有态度。

那从小到大一成不变的厨师梦，并未随着岁月隐入尘烟，而是以另一种方式占据着他的生活。

那一刻我忽然明白，对于这世上的很多人来说，最难的挑战不是现实困苦，而是梦想之路渐行渐远，连影子都渐渐模糊。

尼采说："你要搞清楚自己的人生剧本，不是你父母的续集，不是你子女的前传，更不是你朋友的外篇。对待生命你不妨大胆一些，因为最终你都会失去它。"

人生实苦，但如果能走出一条自己的路，有了一颗甘愿的心，也就有了那苦中的一丝甜。

在这份"我愿意"背后，是敢于和别人不一样。

03

人们并非千篇一律，不必按照别人的生活刻画自己的模样。

你有独特的人生，来人间一趟，如果仅仅因为想做的事和别人不一样就不坚持了，那人生还有什么意义呢？

有年轻读者问我，他的人生角色和轨道都被事先设定好了，上学、工作、结婚、生子，周围人都一样，他也丝毫不敢偏离，却在午夜梦回时总有一种此生不尽兴的遗憾，该怎么办？

我无法正面回答他，只想告诉他，生活不会一开始就给你最好的位置，人生应该是各种体验的叠加，在这样一个自由又多元化的时代，我们为什么不能拿自己的人生角色当穿衣服一样去尝试呢？

我们去服装店也未必一眼就看到最合适的衣服，总要去试穿才能找出最适合自己的那件，更何况人生中的各种角色呢？每一次尝试和体验，都是为了更进一步地活出真实的自己。

其实很多时候，我们理解错了"失败"的意思。

鼓起勇气去尝试，没能获得想要的结果，这不叫失败。真正的失败是，明明想做、可以做，却因为各种借口不敢去做。

虽然说普通人的试错成本高，但只要不是好高骛远地盲目折腾，而是有规划地多尝试，脚踏实地地沉淀和积累，就无须畏首畏尾。

有时候，你和机会失之交臂，仅仅是因为少了对热爱之事的坚持和敢于失败的勇气。

年纪渐长，越来越觉得支撑我们持续不断往前走、活出真实自我的，不是金钱，不是认知，也不是能力，而是勇敢。

特别喜欢《杀死一只知更鸟》中的这段话："勇敢是，当你还未开始，就已知道自己会输，可你依然要去做，而且无论如何都要把它坚持到底。你很少能赢，但有时也会。"

若你是一朵向日葵，就不必开成玫瑰的模样。

人和人的不一样，正体现在每一个转折点的选择上。你的选择不一定都是对的，但敢于做出和别人不一样的选择，就是你独特人生的意义所在。

如果一直按照自己的心意生活，最终你将成为谁？这是你可以用一生去验证的命题。

每个抉择时刻，都遵从真实的内心，顺应生命之流，最终，你将成为独一无二的自己。

而这背后的动力是：我想要热烈和自由，我想要这世上有一朵花只为我而开，有一束光只为我而来。

请记得,你很珍贵

> 生日真正的意义,
> 并非一岁大过一岁的成长,
> 而是时间对每个生命的尊重、肯定和珍惜,
> 提醒自己每一年的你、每一个面向的你都很珍贵,
> 因为那里有你好好活着的痕迹。

01

你问过妈妈,你出生时的情景是怎样的吗?

我妈说生我的时候非常艰难,硬生生疼了两天两夜我才出生。刚出生的我还不到三斤,只比刚出生的小猫崽大一点,整日整夜哭闹,特别难带。

那时候家境不好,大人和小孩都没得吃,她很怕我会夭折。不过我凭借顽强的求生欲硬是活了下来,初中时就长到了一米六的个头,妈妈这才放下心来。

我自小不爱过生日,觉得生日就是母难日,没什么好庆祝的。

直到大学毕业后步入社会，有一位关系很好的美女同事过生日，邀请了数十个同事。

地点选在了一家豪华的音乐会所，有香槟好酒、珍馐美食、旖旎彩灯。美女同事妆容精致，一袭白色连衣裙，如瀑齐腰长卷发，头戴生日桂冠，站在包厢中央，接受所有到场人的诚挚祝福和礼物，可谓集万千宠爱于一身。

那时我才知道，原来生日还可以这样过。

2023年，我三十五岁了，人生大约过了一半。从未和朋友过过生日的我，在这一年想给自己一个特别的生日仪式。

我不擅长人际交往，甚至在这方面非常笨拙和迟钝。我性格中有内敛敏感的部分，不太擅长表达心中的情感，也不敢主动和别人接近、寒暄。

但写作的这几年，我认识了许多很可爱也很有爱的读者。开写作课的这两年，我陆续接触了很多报我课程的朋友，收到了他们真诚的反馈。

一些很多年不联系的老同学、老同事，也因为我写作而看见了我，重新记起了我，对我表达欣赏。

于是生日这天，我办了一场线上生日云聚会，邀请我默默爱着的，也默默爱着我的朋友们，一起来聊聊彼此相遇的故事、深藏在心底的感动，以及实现了的或暂未实现的梦想。

这里没有鲜花掌声、啤酒零食，有的只是一颗颗真诚感恩且愿意敞开的心。

起初，我很担心没有人来，但最终，竟有将近二十个人到来，大大超出我的预期。并且他们陪伴了我近五个小时，到云聚会结束才离去。

那是我充满喜悦、倍感珍贵的一个下午。

她们不断表达对我的喜欢，不断提醒我："你很珍贵，你值得被大家好好爱着。"

这对一个从小自卑敏感且有点讨好型人格的女孩来说是多么大的鼓励和滋养。

02

在写下这些文字的时候，我的脑海中浮现的是电影《无问西东》中，张果果在影片的开头和结尾都在问的问题：

"如果提前了解你们所要面对的人生，不知你们是否还会有勇气来到这个世界？"

不同的人，对此有不同的答案。

我虽然有非常多的缺陷和不完美，这些年里也有过诸多辛苦和崩溃的时刻，但我从未后悔来到这个世界，毕竟我得父母疼爱，有能养活自己的工作，受爱人照拂，还找了此生热爱的事业。

很多时刻，我都心怀感恩。

这个年纪，大多数女孩早就升级进入了人生的另一阶段。我也正是从孕育一个小生命又失去他的过程中，了解到生命的诞生有多艰难，有多珍贵。

这次生日云聚会中，我又一次被提醒："你很珍贵。"

是的，每个人都是如此珍贵。人间纵然千难万险，如果还能记得自己的珍贵，就会有笃定向前的勇气。

然而大部分人都如张果果在影片最后的独白中所说："等你们长大，你们会因绿芽冒出土地而喜悦，会对初升的朝阳欢呼跳跃，也会给别人善意和温暖，但是却会在赞美别的生命的同时，常常，甚至永远地忘了自己的珍贵。"

人们总是习惯于站在批判自己的角度，与自己为敌，忘记了自己的珍贵。

03

回想起来，十几、二十几岁的年纪，我内心总是深刻地觉得自己"不够好""不配得"：

在被别人夸奖或表扬时，会下意识地心生不安：怎么会夸我？我哪有这么好！然后不好意思地转移话题，或是用自己的缺点直接反驳对方。

试衣服没钱买而被店长骂，不是据理力争，而是灰溜溜地逃走并自责（潜意识里，认为自己配不上这件衣服）。

人际交往时，永远把别人的感受放在第一位，不管自己多委屈，都选择忽略自己，迎合对方。

……

把自己憋成内伤，归根结底是因为对真实的自己不悦纳，总想成为别人。

现实中的我，被理想中的我堵在逼仄的角落，活得很不自在。

而行至三十五岁，我忽然觉得人生开阔了许多。这源于我终于懂得接纳每一个面向的自我，源于理想中的自己逐渐落回日常，与现实中的自己重叠。

接纳，本身就是一种强大的生命能量。

至今，我没有很深的阅历，也不曾经历难熬的苦难，只是比二十几岁时更加懂得自己，知道自己想要什么，了解自己的所长，接纳自己的短板，也看到了自己的珍贵。

在人生没有来到这里的时候，我从未想过，这样"一事无成"的未来竟会有这么好的时光。

没有升官发财中彩票，也没有夫贤子孝多逍遥，但我仍活着，我还健康，家人都还安好，我便发自内心地觉得，这样的日子真好。

我们在"一路拼杀"中艰难地来到这个世界上，当然很珍贵。所以一定要把日子过成自己最想要的样子，去自己真正想去的未来。

04

看到过一句话："生日相当于闹钟，提醒你又度过了一年的时光；生日亦如丧钟，告诉你离死亡又近了一步。"

成年后过生日，不只是庆祝长大了一岁的狂欢，还有对过去是非得失的总结，和对未来生活的期许。

前不久给一个朋友发生日祝福。她最近工作、感情诸多不顺，丧到了极点，回复我："我很久不过生日了，我不知道怎么就把日子过成这样了，感觉自己这三十几年白活了，我宁愿没有出生！"

我问："你爬过泰山吗？"

她愣了愣："爬过啊。"

多少人想爬到泰山山顶去看日出，看着眼前破云而出的绝美红日，再看看山下络绎不绝的游客，想起自己上山途中艰苦卓绝的步伐，成就感满满。

其实泰山海拔只有一千五百多米，比青藏高原的平均海拔低了很多。你引以为傲的事情，还不如人家的每天日常。但是你仍然会骄傲，会兴奋，会开心，因为你是一步一步从山脚爬上来的，这个过程弥足珍贵。

如果你的终点是看日出，你会因为中途摔了一跤，而认定你此前一步步的脚印都毫无意义吗？

就像《岁月神偷》里唱的："岁月是一场有去无回的旅行，好的坏的都是风景。"

在这场生命的旅途里，没有白走的路，我们走的每一步都算数。

生日真正的意义，并非一岁大过一岁的成长，而是时间对每个生命的尊重、肯定和珍惜，提醒每一年的你、每一个面向的你都很珍贵，因为那里有你好好活着的痕迹。

05

某一日，和一个喜欢我文字的朋友聊了几句。

她把自己写的文章发给我看，并把它贬低得一文不值。但其实，还是有优点的。我挑出了几处写得好的地方点评并加以肯定，她释然而雀跃，感激地说："你特别会鼓励人。"

我以前并不会鼓励人，总觉得那样做矫情、不好意思。

但我遇到了太多人明明很优秀，人品不错、做事靠谱、专业扎实，却总是自我否定，觉得自己哪儿哪儿都不好。我在他们身上看到了曾经的自己，于是我下意识地发掘他们身上的优点，毫不吝啬地加以肯定和鼓励。

我愿意做一些事、说一些话，让他们记起自己的珍贵。

我又想到了我的伴侣，他也很珍贵，尽管不完美，但在属于他的人生轨道上，认真努力地活着。

以后如果我当了妈妈，我要做一面永远提醒孩子他是多么珍贵的镜子。不管他在人间经历多少风风雨雨，只要站在我面前，他永远可以从我的眼睛里看见自己的珍贵。

电影《无问西东》中有一句话我很喜欢：

"愿你在被打击时，记起你的珍贵，抵抗恶意；愿你在迷茫时，坚信你的珍贵。爱你所爱，行你所行，无问西东。"

每当我内耗或者迷茫时，我都会对自己说这句话，现在，也把这句话送给你。

无论你经历了什么，都请记得，你是妈妈拼尽全力带到这个世界上的宝贝，你也曾被爸爸举过头顶，你的身体里有几十万亿个细胞为你而活，你是一个无比珍贵的生命。

卷不赢，躺不平，还可以怎样活？

在内卷和躺平之间，
一定有一条适合自己的路、
一种适合自己的活法。
我们不是要放弃努力或者停止追求卓越，
而是无须追求别人眼中的成功，
只需要做能产生心流的，令自己满足、享受的事情。

01

"我生怕自己本非美玉，故而不敢加以刻苦琢磨，却又半信自己是块美玉，故又不肯庸庸碌碌，与瓦砾为伍。于是我渐渐地脱离凡尘，疏远世人，结果便是一任愤懑与羞恨日益助长内心那怯弱的自尊心。"

日本小说《山月记》中的这段话是当下很多人的写照：卷不赢，又躺不平，终日活在焦虑和内耗中。

一位从深圳回到武汉三年多的朋友告诉我，武汉的工作比在深圳时还卷，午夜十二点办公楼内还经常灯火通明，周末也有很多同事来公司加班，而公司招聘条件，由原来的专科学历起步变成了现在的重点本科起步，还招了大批研究生。

她在一家独角兽企业做运营，团队有六人。之前大多数时候还能按时上下班，工作也完成得出色又高效，偶尔下了班或周末，大家还能聚聚，聊聊天，喝喝小酒。但是最近一年，上司却对她颇有微词，经常旁敲侧击地说她变得佛系了，工作没有以前那么努力了。

她很委屈，明明自己工作一直很认真、很努力啊。

这些日子，同事们下班越来越晚，学历比她高的人还比她努力数倍。危机感之下，她不得不加入"内卷大军"，每日精疲力竭，苦不堪言。

她感叹："卷不赢，又躺不平，想做个普通人，都这么难。"

很多人都是如此，羡慕心安理得躺平的人，也羡慕能卷赢的人，最终却是卷不赢，也躺不平，只能在夹缝中艰难生存。

其实，我们可以大胆问问自己：如果我不是美玉，是不是就没资格被雕琢？如果我只是瓦砾，是不是就不该嬉皮笑脸快乐地活着？

02

在绝大多数人眼中，拥有高学历、高年薪、名气地位以及财务自由就是无可挑剔的成功，这也是当前社会的一套标准成功模板。于是，与此相关的领域都变得很卷，学生越来越累，打工人越来越难。

看过一位博主分享自己的故事：

学生时代，他卷了十几年才从闽北的小山村考入南方一所大学，以为可以松一口气了，但毕业后，更多的焦虑和压力扑面而来，同学们有的进了四大会计师事务所，有的进了名企和大厂。他不甘示弱，进了一家证券公司，每天钻研业务，兢兢业业工作，业余时间还充电学习，生怕落于人后。

熬了几年后，他手握不少积蓄，像别人一样买了座大房子、一辆好车子，办了个体面隆重的婚礼。一番操作下来，积蓄所剩无几，还背上了房贷、车贷。

人到中年，精神状态愈发紧绷，一边焦虑自己的工作，怕被后起之秀取代，一边忧虑孩子的学业，思忖着怎样培养他、报什么兴趣班，不然怎么赢在起跑线？

旁人眼中，他无疑是出人头地了，但个中艰辛迷茫，只有他自己知晓。

他的生活，何尝不是万千普通人的真实写照？

现代社会崇尚自由、积极和正能量，社会文化和价值观都在告诉我们：只要肯努力，未来一定会更好。

但努力到什么程度才算"好"，怎样叫"更好"，社会又不曾给出清晰的界定。于是我们只能通过别人的生活来定位自己，别人有的，我也要有，别人会的，我要做得更好。

人人都想成为精雕细琢的美玉，但人外有人，天外有天，在这种竞争状态下，必然会出现卷不赢又躺不平的困境。

我们被世俗标准桎梏，被别人的眼光束缚，拼命追求成功，一路卷到疲惫不堪，忘记了生活本来的意义。

我们不妨问问自己：追求卓越和成功，到底是因为我真的享受其中，还是因为别人都这样，所以我也"理应"如此？卷不赢，又躺不平，我还可以怎样去活？

03

某一次和朋友闲逛至长沙北正街，看到一家臭豆腐店，想起这就是曾经沸沸扬扬的新闻"北大校花回老家卖臭豆腐"的主人公彭高唱开的店，当下难掩兴奋地想去尝一尝。

店面不大，却很干净，人气也很旺。彭高唱挽着低马尾，一副邻家大姐姐的模样，和和气气地给顾客们上餐。

她的履历非常漂亮，从小才艺双全，擅长舞蹈、乐理、英语、钢琴和主持，从小学到大学，她甚至从未参加过升学考试，一路被保送入北大，还因为颜值出众，被封为"北大校花"。毕业后，她进入全球顶尖的4A广告公司，成为让人羡慕的社会精英。

但她并未沿着传统的精英路线走下去，而是放弃了自己不喜欢的工作，一头扎进演艺事业。

北漂十三年后，她卸下身上所有的光环和荣誉，一切归零，回到老家长沙创业卖起了臭豆腐。

她的选择让网友们大跌眼镜，纷纷指责她"浪费了北大的教育资源""曾经的天才少女、北大校花，如今落魄到卖臭豆腐"……

但我却非常佩服她这份进可攻、退可守的勇气。她没有选择在金融圈或演艺圈继续卷下去，也没有选择躺平，而是清醒地认知自我，顺应自己的人生追求，走上了一条与世俗意义的成功全然相悖的路来成全自己,她已不需要依靠别人的评价来获得自我肯定。

面对质疑,她的回应铿锵有力:"我的人生信条就是不被定义,我要过不被定义的人生。谁说北大毕业就一定要去做金融,一定要去搞科研呢?我可以做我擅长且热爱的事情。"

选材、汤底、工艺制作皆为原创,又融入了台湾小吃的特色,和长沙传统的油炸臭豆腐形成差异化。她的这家店被评为"2023最有潜力餐饮品牌",备受瞩目,炙手可热。

人生是旷野,不是轨道。在顶尖公司工作也好,卖臭豆腐也罢,都只是一种选择。真正的幸福,在于我们能否随心而活。

这是眼前这个忙忙碌碌却嘴角带笑、眼里有光的姑娘教会我的最重要的事。

作家庆山有句话说得好:"人需要按照自己的天性走,变成自己真正的样子,就像种子一样,按照内在的节奏和秩序,发芽生长。"

在内卷和躺平之外的第三条路,是深刻地了解自己,顺应内心的天性和渴望,用尽一切方法寻找能让你两眼发光、废寝忘食、倾注所有的**热爱之事**。

这个时候你的行动,不是为了"卷",而是为了更好地做自己,过不被外界定义的人生。

04

《世界尽头的咖啡馆》一书中提到一个词——"人生意义",即"我来到这世上是为了什么"。这对于不同的人来说是不一样的。

而无论是躺,还是卷,说白了,都是把自己的状态交给外界的评价体系决定,这种被动的方式不可能带来你想要的生活。

只有主动破局,找到自己人生的意义,聚焦于内心真正的渴望,才能打破卷不赢又躺不平的困境。

如何知道某件事是不是自己的人生意义呢?书里给出了判定标准:当你在做这件事时,你能否不由自主地感到开心和兴奋,你能否全情投入并获得满足感,甚至产生心流。

想起此前看过的一篇关于音乐家陆庆松的报道。他十五岁上大学,就读于中央民族学院音乐系,十九岁毕业后在清华大学任教,二十五岁辞任教职,往后的三十年里,他一个人住在北京郊区,以教小孩钢琴和零星演出为生,维持最低生活水平,没有房贷、车贷、"996"、绩效、职称、晋级……成年人的生存焦虑他都不考虑,而是把时间用来读书、种花、练琴、谱曲、写音乐,只为做一个纯粹的音乐家。

说他躺平了吗?他从未放弃——他以职业钢琴演奏家的标准审视自己,也一直在努力凭借专业作品赢得认可。只是他不急,慢慢练琴,慢慢创作,慢慢等待。

他的活法是北漂生活的一种不常见形式,他走了一条少有人走的路,不被世俗绑架,只是保持自己的生活节奏。

在内卷和躺平之间,一定有一条适合自己的路、一种适合自己的活法。我们不是要放弃努力或者停止追求卓越,而是无须追求别人眼中的成功,只需要做能产生心流的,令自己满足、享受的事情。

你如果早起阅读或跑步，或学习写作，或学习其他某种技能，不应是因为别人都在这么做，或者这么做代表上进，而应该是你发自内心地愿意这么做，愿意雕琢自己，让自己变得更好。

若你不愿做这些，那便舒舒服服做一枚快乐的瓦砾。

谁规定了哪种活法一定是正确的呢？人生的意义也可以不那么宏大，我们能享受快乐，何尝不是一种意义？

如果你觉得迷茫，无从下手，那便做出一些积极的改变：漫无目的地读书，看访谈和纪录片，看任何你能看到的东西，扩大你的认知范围，去经历一些事情，去试错，去接触和了解这个世界，和不同的人交流……直至找到你发自内心想做的事情。

就像作家庆山所说："勿让自己受困于世俗之见与他人的评价体系中，而是真切地去探索和感受这世间万般。去谈恋爱，去远途旅行，去冒险，去读书，尽可能地去开拓生命的边界。"

我们精进的动力，不是卷死别人或者赚大钱，而是单纯的我乐意、我喜欢、我热爱。全力以赴，长期主义会让你收获另一重惊喜。

Part 5

做自己人生的 CEO

想遇见贵人，
请先成为自己的贵人

> 优质资源和人脉大多不是靠钱买的，
> 而是靠个人价值置换的。
> 成为有价值的人，
> 才能被需要。

01

不要高估你在别人心里的位置。

"我被一个好朋友拉黑了。"小婧提起这件事，满脸伤感。

她和部门同事兼好友璐璐约好了一起离职，但璐璐和上司闹得很不愉快，提前"裸辞"了，而小婧不想"裸辞"，想找好工作再辞职。璐璐得知此事有些不高兴，发消息质问她："你不是说好要和我一起辞职的吗？怎么说话不算数啊？"

"我想找好下家再提，不想'裸辞'。"事实也的确如此。

"哦。"璐璐只回了一个字。

小婧又打了一番解释的话，顺带问问她的近况，谁知道再发消息过去，屏幕上弹出冰冷的"消息已发出，但被对方拒收了"一行字。

她被拉黑了！

小婧难以置信："她刚进公司那会儿没地方住，在我这儿住了一个多月呢，我也没收她房租。之后我们一起吃饭、逛街、旅行，很多次都是我买单……我以为我们是好朋友，她怎么可以因为我没有和她一起辞职就拉黑我呢？"

每个人都期待一份恒久的感情，会下意识地将期待值无限提升，尤其是在和对方共同经历过一些美好时光的情况下，往往会觉得自己在对方心里是特殊的。

但对于一段关系，期待越高，失望往往就越多。你曾对对方掏心掏肺，可他却一个转身就能将你忘却。

作家莫言说："不要高估自己在他人心里的位置，其实你什么也不是。不要以为你对别人好，别人就一定会对你好。没有实力，对别人好，很容易被定义为讨好。"

有些时候，你执着地以为念念不忘，必有回响，可结果是人心陌路，提前散场。

02

人走茶凉是人生的常态。

前段时间我采访母校丁老师时,听他说起一件事。

他在学校任教期间,一位本科生加他的微信,但他未曾给这位学生上过课,根本不认识他。

加了微信好友后,这位学生经常在微信上问他专业、考研、就业等方面的问题,他一一认真解答,还提供了一些参考资料帮助对方。

后来,这位学生顺利考取了研究生。刚开始,还会偶尔和他聊聊天,等过了一段时间,他想找这个学生问点事儿,发过去消息却"开启了朋友验证",他已被对方删除。

丁老师回忆说:"人家进入新的环境,要结识新的朋友,我对他而言已经没有价值了。人走茶凉嘛,想想也很正常。"

人走茶凉,物是人非,短短几个字,道尽了世情冷暖。

人生的因缘际会就是这样无常,缘来相聚,缘散陌路,人们一路相逢,一路告别。很多人却想不开、参不透,徒添烦恼。

知乎上有个问题:"从公司离职的时候,哪一刻让你觉得人走茶凉?"

有一个很扎心的回答是这样的:

你发现以前和你有说有笑的同事此刻正冷漠脸看着你走。

你的办公桌迅速被其他人占领,曾经熟悉的桌子上一下子摆满了陌生的东西。

下楼的时候,也没有人像往常一样和你打招呼:"早啊。"大家都只是匆匆而过，甚至连看都不看你一眼。这些人曾经那么热情，现在如此陌生……

走出大门口的时候，你发现只有保安大爷问了你一句："下班了啊，今天很冷，看你穿这么薄，赶紧回去暖着。"

很扎心是不是？但这就是人生常态。

每个人一生都会身处很多圈子。可生命里的过客，终究只能陪你走上一程。过去便过去了，实在无须介怀。

03

太在乎别人的评价，是多数成年人都有的"病"。

我们所处的社交网络的环境，放大了被人评价的范围，很多人无论做任何事情，都喜欢事无巨细地发朋友圈，期待着别人的点赞，期待获得他人的认可。但事实是，永远有人不喜欢你，对于别人来说，你也真的没有那么重要。

你的一生那么短暂，不应该把精力和智慧用以应对外界对你的质疑，而应该在充盈自己、丰富自己之后，遇见与你相似的灵魂。

一个人成熟的标志之一就是，明白每天发生在自己身上的99%的事情，对于别人而言毫无意义。

英国思想家罗素说："在和别人，即使是与自己亲近的人的一切交往中，也应该认识到他们是从自己的角度看待生活的，触及的是他们的自我，而不是从你的角度、从触及你的自我来看待生活。不应该期望任何人为了另一个人的生活而改变他的生活。"

因此，做好自己就可以了。

世界少了我，其实无所谓；别人离了我，其实也无所谓；但我少了我，还剩什么呢？

永远不高估别人，永远别看轻自己。

04

你生命里最大的贵人就是你自己。

我有个文友，特别热衷于向上社交，总是想挤进牛人的圈子，与牛人建立关系。

但是，一年过去了，她只是手机通讯录里增加了几百个好友，那些所谓的牛人并没有给她提供什么帮助，很多时候连她的消息都不回复。她浪费了本可提升自己的一年的大好时光。

现在这个时代，人人都想靠近牛人，想找到能拉自己一把的贵人。

但其实，势均力敌的人才能真正同行。

要靠近光，自己先要成为光；想遇到贵人，先成为自己的贵人。

羽翼未丰之前，不要挤破脑袋去混圈子了。如果你无法给别人提供价值，就算进了你想要的圈子又如何？不过是别人好友列表里的一个名字而已。

提升自己，才是最好的向上社交。优质资源和人脉大多不是靠钱买的，而是靠个人价值置换的。成为有价值的人，才能被需要。

《简·爱》里有句话："要自爱，不要把你全身心的爱、灵魂和力量作为礼物慷慨给予，浪费在不需要和受轻视的地方。"

不要在别人的评价里找意义，不要高估身边的任何关系，也不用讨好地去经营任何关系，成年人的安全感只有自己能给，自己才是自己生命里最大的贵人。

当有一天，你无须凭借谁的光，也能成为自己的太阳时，那些关系会自动来找你。

比你优秀的人，
有这四个习惯

上升的路从来都不好走，
那些优秀的人，也都曾是普通人。
时常保持饥饿感，克服习得性无助，
形成闭环思维，最终借力使力，
让习惯的力量带你不断突破自我，
实现螺旋式跃迁。

01

保持"饥饿感"。

华为团队一直以"狼性文化"著称，任正非用人原则的第一条：让基层员工有"饥饿感"。

所谓"饥饿感"，就是让员工有企图心，有对奖金的渴望、对股票的渴望、对晋级的渴望、对成功的渴望。

任正非说："华为没有终生成就的老员工，只有永恒的危机意识。如果不奋斗，华为就垮了。"

任正非从不掩饰华为内部"饥饿感"的氛围导向,华为的薪酬设计遵循"按劳取酬,多劳多得",非常舍得给员工发钱。

"饥饿感"构成了华为员工的"狼性"精神,造就了一支敢打仗、能打仗、打胜仗的狼性团队。

饥饿感,即对现状的一种不满足感。在物质和精神上保持饥饿状态,让自己如履薄冰般地警觉,时刻做好备战,这实际上是一种居安思危的生存智慧。

相反,如果取得一点成绩就满足,没有"生于忧患"的意识,就很容易裹足不前,更别谈进阶了。

《伟大的饥饿感》一书的序言中说:"成功源于饥饿感,或因贫穷造成的身体饥饿,或因对成功极度渴望造成的心理饥饿。不论如何,正是这种饥饿感造就了一批又一批英雄。"

饥饿感,意味着对已知领域的深耕,和对未知领域的野心。保持饥饿感,从平庸和满足中脱身而出,你才能拓展人生边界,不断跃迁。

02

克服"习得性无助"。

混迹职场多年,我发现工作中有一个很普遍的现象:

如果一个人在一项工作中重复受挫或失败,他就会慢慢放弃努力,对自己产生怀疑,觉得自己"这也不行,那也不行"。事实上,他们不是真的不行,而是陷入了"习得性无助"。

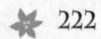

美国心理学家塞利格曼 1967 年研究动物时发现，狗在多次经历蜂音器一响就遭受电击后，变得无助、绝望，不再尝试逃跑。这就是"习得性无助"。

人若接连不断受到挫折，也会丧失信心，感到自己无能为力，陷入无助的心理状态。这种心理让人自设藩篱，放弃继续尝试的勇气和信心，是人生前进的大敌。

研究表明，"习得性无助"产生的根源主要在于一个人对问题的归因方式。

塞利格曼在《习得性无助》一书中指出，情绪糟糕的"习得性无助"更倾向于将挫折和失败归因于内在的、普遍的、稳定的特质。

内在的：他们容易将自己投射到问题上，认为什么都是自己的错。

普遍的：他们认为问题会影响到生活的方方面面。

稳定的：他们认为问题是不可解决的。

因此他们会产生"怎么努力都没用""自己的预期怎么都达不到"的心理暗示，不会采取任何措施改变这种情境。而放弃尝试和努力易于导致这种心理暗示成真，从而陷入恶性循环。

因此，打破"习得性无助"，首先要认清自己的归因模式是否正确，分析坏结果产生的主客观原因，思考一下：我们是否过多地忽视外界因素，而错误地提前给自己判了"死刑"，并将一时的困境夸张想象为永久的困境？我们是否能向外界寻求帮助以渡过难关？

其次，用逆向思维对抗这种无助感。

你一定还记得爱迪生的故事。当助理跟他说："你已经失败一千多次了,放弃吧。"他却说:"我的收获还不错啊,起码我发现了一千多种材料不能做灯丝。"

"习得性无助"是人生跃迁的大敌。矫正自己的认知偏差,战胜自己的低价值感,才能持续前进,走得更远。

03

培养闭环能力。

我曾在一篇文章中看到一位人事吐槽:最让人"恨得牙痒痒"的,是悄无声息把事情搞砸了的人。对此我深以为然。

也听同事谈起过一位曾负责税务工作的前同事。

她来公司的第二个月,总监给她一个星期的时间,让她处理公司当月的各种报税事宜,并告诉她,如果对业务不熟悉,可以问部门里的任何一个人。

这一周她从未反馈过进度,也未提出过任何困难。等到报税截止日的那天早上,她突然说自己不熟悉业务,研究了几天还是不敢报,怕报错。

那天,好几个同事手忙脚乱地加班整理相关数据,还是差点误了申报期限。

此后,总监有重要的事,都不敢再交给她做。

在职场上,你会看到有的人年纪轻轻就屡屡升职加薪,有的人工作十几年了却还在原地打转。

造成这种区别的关键因素之一是工作中是否具有"闭环思维"。

闭环思维指，在一定期限内，不管完成工作的效果和质量如何，都要认真反馈给发起人，形成闭环。

"闭环"的理论根据是"PDCA循环"，分为四个阶段：计划（Plan）、执行（Do）、检查（Check）、行动（Act）。

这四个阶段不是运行一次就结束，而是周而复始地进行。一个循环完结，解决了一些问题，未解决的问题进入下一个循环，如此阶梯式上升，直到任务彻底完结。

整个过程中起决定作用的就是"闭环沟通"，即"事事有回音"。

罗振宇曾说："职场最没有前途的一种人，叫反馈黑洞。说白了就是那些凡事无交代、做事不沟通的人。"

在执行任务的过程中，如果实在有困难无法完成，要及时反馈和沟通，这样出了问题能及时补救。

"传达—接收—确认—阶段性反馈—传达"，如此形成信息沟通的闭环。少了其中任何一个环节，都会产生沟通缺口，影响工作效果。

拥有闭环思维的人，都是靠谱的人。这样的人，无论在工作中，还是在生活中，都更容易成为赢家。

04

懂得借力、借势。

现今这个时代，没人靠单打独斗成就一番事业。

成大事者的特点之一是，善于借力、借势营造有利条件，从而把一件件难办的事情办成。

早在两千多年前，荀子就在《劝学》中强调："君子生非异也，善假于物也。"可见"借"的力量有多么强大。

我看过一则大英图书馆"借力搬迁"的经典案例，感触颇深。

大英图书馆的藏书非常丰富。有一次，图书馆要从旧馆搬到新馆，计算下来，搬运费要几百万元，根本就没有这么多钱。

有一个人给馆长出了一个点子，只花了几千元钱就解决了问题。

图书馆在报上登了一个广告：即日开始，每个市民可以免费从大英图书馆借十本书，还书时，将书还至新馆。

市民们蜂拥而至，没几天，就把图书馆的书借光了，而后大家纷纷将书还到了新馆。

就这样，图书馆借用民众的力量搬了一次家。

著名心理学家阿德勒说过："人类最为奇特的特征之一，是把减号变成加号的能力，而借力，正是把减号变成加号。"

拿写作来说，普通人没有名气，若能借互联网的势，借新媒体、大平台的力，就能让自己的文章被更多人看到，扩大自己的影响力。

工作中，我们也要善于借力、借势，观察哪些部门、同事可以配合自己的工作，哪些平台能更大地发挥自己的价值，同时思考自己能为哪些人的工作提供支持，跟哪些人可以相互赋能、共同促进。

如果你的能力有五分，靠自己最多只能发挥五分，但借助平台、人脉，你的能力就能成倍扩大，产生惊人的效果。这就是所谓的"借力者强，借势者智，借智者王"。

借力、借势，是每个人职场跃迁的必备技能。

05

上升的路从来都不好走，那些优秀的人，也都曾是普通人。

他们只是善用强大的主观能动性完善自身的行为习惯，常优化，思变通，从而形成一套不断提升的价值体系。

就像瑞·达利欧在《原则》一书中所说："好习惯让你实现'较高层次的自我'的愿望，而坏习惯是由'较低层次的自我'控制的，阻碍前者的实现。"

时常保持饥饿感，克服"习得性无助"，形成闭环思维，并借力、借势，让这些好习惯的力量带你不断突破自我，实现跃迁。

写作：救赎我的那道光

> 文字有着穿透时光的超乎寻常的力量，
> 它引领我，
> 躲避俗世的一切浮躁和喧嚣，
> 深入生命的中心，
> 拨开层层迷雾，
> 抵达最真实的自己。

01

关于写作，这些年我被问得最多的一个问题是："你是做财务审计工作的，天天跟数字打交道，怎么会去写作呢？"

每当这时，除了回答"喜欢"二字，也没有更好的答案了。

七年前，我辞掉了经常出差加班的事务所的审计工作，换了一份电商行业的财务工作。我在深圳宝安区地铁站旁租了一个一室一厅的小房子，利用下班后的空闲时间开启了写作。

那时，经历了学生时代以及几年的工作，心中有喷薄而出的表达欲。很长一段时间里，我都能顺着心流将心头的千思万绪一气呵成化为文字。写完后，感到酣畅淋漓，内心充满喜悦和满足。

那时候最开心的便是下班那一刻，我几乎是飞奔着回家，用完简单的晚餐，就给自己泡上一壶花茶，静坐桌前，奋笔疾书，直至深夜，乐此不疲。

02

我从小就是个没什么才华的笨拙的人，学什么都很慢。

在小学、初中还没什么大问题，不过花上比别人多几倍的时间去学习而已。也因为肯花时间、足够努力，我考上了县城最好的高中。

但是上了高中，这种劣势就表现得非常明显了。所有偏理科性质的科目，我学起来都非常吃力。和同学之间的差距，已经不能单靠努力和多花时间来抹平了。

我下课请教同学，深夜挑灯做题，但不管怎么努力，我的物理成绩永远停留在二十几分，化学成绩也永远无法及格，只有数学成绩勉强好一点，能上六七十分。

能给我带来一点安慰的，永远是语文成绩，尤其是我的作文经常被老师当成范文在班里阅读。从中学开始，我便有了写日记的习惯，这个习惯一直延续至今。

大学时，我阴差阳错读了财务专业。这是一门偏理科思维、高深又繁重的课业，为了学好它，大学四年我使出了洪荒之力，在每个学年也都拿到了高额的奖学金。

毕业后，我进入一家全国知名会计师事务所，一边拼命工作，一边努力考取了几个重要的财会类证书。勤能补拙，我上进地死磕我的专业，加上虚心的态度，遇到了一群善意、愿意帮助我的领导和同事，业务成绩也得到了众人的肯定。

可我对工作始终缺少了些热情，也无法从这份我既不喜欢也不擅长的工作获得任何成就感和价值感。

我很难忍受这种无意义感，很长一段时间，我都陷入深深的自我怀疑和自我否定，甚至觉得自己一无是处，情绪和心态几近崩溃，工作和生活进入瓶颈，人生黯淡无光。

我急需寻找一个出口、一种救赎——一件能让我发自内心地感到喜悦和成就感的事。

于是我重新点燃了年少时的写作热情，每天下班后写作至深夜。我曾在等车时端着电脑在垃圾桶上噼里啪啦一顿猛敲，也曾在深夜用棉花塞着流血的鼻子奋笔疾书。

深圳那个小小的出租屋，见证了我写的每一篇文章、读的每一本书，见证了我从写作小白到获得稿费，见证了我人生第一本书的出版。

从提笔正式写作，到收到第一本书的出版邀约，用了一年多时间。这期间，我的投稿遭受了很多次拒绝和打击，我却从未想过放弃。

我结识了一些喜欢我文字的读者和编辑，被他们给我的正向反馈激励着。我自己，也被写作深深滋养着。

虽然我在写作上并没有天赋，但我足够喜欢、足够努力，除了上班、吃饭、睡觉，我把几乎所有的时间都用在了写作上。幸运的是，这份努力得到了些许回报，完美地弥补了我在本职工作中缺失的成就感和价值感。

回想过去这些年，我生命中充满喜悦和成就的瞬间，几乎都是写作带给我的。

文字有着穿透时光的超乎寻常的力量，它引领我躲避俗世的一切浮躁和喧嚣，深入生命的中心，拨开层层迷雾，抵达最真实的自己。

写作让我更加了解和悦纳自己，它是我曾经黯淡无光的生命里唯一的救赎，为我的人生指引了新的方向。

03

总有人问我："我也想写作，要怎么开始呢？"

其实答案只有一个字：写。

余华也曾说过："（写作的）第一步坐下来，不管三七二十一，开始写。如果你不写，就不知道自己写得有多差，也就不知道往哪个方向改进了。写，就像人生里的经历，没有经历就构不成你的人生，不去写的话就不会拥有你的作品。"

他从牙医转行写作，刚开始，脑子里什么也没有，逼着自己坐下来硬往下写。然后就写出了第一篇、第二篇，写了一万字，再写更长的。

当你不知道写什么的时候，就写自己的生活，写家人之间的碎碎念，写成长路上的磕磕绊绊，写初春里倔强的花花草草，写冬日温柔的日升日落……用平实的文字记录温暖鲜活的日常，呈现认真生活的痕迹。

文学来源于生活，写作者只有扎根于日常生活，在了解和体悟生活的基础上，才能创作出有温度的作品。

写作即是生活，生活即是写作。

除此之外，也需考虑读者。好的作品必然有读者的参与。

若写作者局限于本身，只写与自己有关的喜乐哀愁，对读者产生的价值必然有限。所以我们在写作时，要选择能让读者产生共鸣的素材和内容，并适当加入自己的思考和情感，让作品由"我的"向"我们的"过渡。

我在七年前刚开始写作时，接触过新媒体，还在大的平台发过稿。后来各类自媒体平台层出不穷，要求写作者迎合平台需求和读者兴趣"生产"文章，获取流量密码。这不断降低写作门槛。

流量在一定程度上意味着收入，起初我写得不亦乐乎，也赚到了许多稿费。但时间久了，问题就来了：新媒体文章的结构和风格严重趋同，固定的行文框架以及对流量和热点的追逐限制了我的思维，让我无法写出更有深度的文字，也逐渐遗失了自己写作的初心。

全然功利的写作，让我不再感到喜悦和趣味。

写作这件事，到底与打工"搬砖"很不一样，并不是设置好流程之后只管努力干就行。

它是感性的、流动的，你应该基于自己真实、独特的感受、经历、思考书写文字，而不是根据既定的话题，凭空捏造看法与感受。不是你"必须"写出什么，而是你"能够"写出什么。你应该顺应自己的感觉，而不是让感觉顺应你的意愿。

就像李华老师在《写出心灵深处的故事》这本书里说的："写作要发自内心地写，勇敢执着地写，要找到自己心里最深的感动，让那股自由向上的、美好的力量绽放出来。"

写作这件事，需要忠于自己。在忠于自己的前提下，不断摸索，最终达到自我表达与读者共鸣之间的平衡。

04

我从不认为写作是一件很容易的事，相反，写作的过程困难重重，举步维艰。

写作从来不是一蹴而就的，它是一个细水长流的过程。太急功近利、太看重得失的人，不适合写作。

对于写作，除了有勇气和耐心，还得有热爱。

莫言获得诺贝尔文学奖之后，直言写作压力更大了，因为读者对他的期望更高了，希望他能写出更好的作品。

他接受采访时被问道："在获得诺奖后有这么大压力的情况下，为什么要继续写作？"

他坦言："这是因为对小说艺术的追求，和一种病态般的热爱。写作过程中的自我满足是其他任何荣誉都无法替代的。"

热爱自有万钧之力，唯有热爱写作，才能坚守本心，在重重困难之下坚持写下去。

写作者最可贵的，就是对文字保持敬畏，忠于自己，坚守热爱。

愿每一位写作者都能缓缓地生活，静静地写作，享受写作，在文字的世界里自得圆满。

愿每一位读者都能被好的文字滋养，获得无尽的温暖和无穷的力量。

没能当上 CEO，那又怎样？

> 所谓成熟，
>
> 不是世故，也不是妥协，
>
> 而是明白什么年纪该做什么样的事，
>
> 有多大能力，便承受多大的结果，
>
> 能享受最好的，也能承接最坏的。
>
> 迷茫的时候总会有，
>
> 但你得问自己：这是你想要的生活吗？
>
> 如果是，请坚持。

01

我幼时是一个有点自闭的小孩，在家以外的地方，我可以一星期乃至一个月都不说话。

不知不觉到了上学的年纪。那时候，我是班里唯一一个不合群的小孩。当别的小朋友成群结队打打闹闹、说说笑笑的时候，我一个人在别处玩。

可能正因为喜欢独处，学习能做到心无旁骛，我的成绩总是名列前茅。

但被老师点名背诵《静夜思》时,我却迟迟不敢开口,哪怕我已倒背如流。

年轻漂亮的语文老师循循善诱:"你的语文成绩是全班最好的,我知道你肯定能背出来。"

我只是低着头,咬着唇,不说话。

老师还不死心:"那你照着书念出来,总可以吧?"

我依旧只是低着头,咬着唇,不说话。

老师似乎跟我较上了劲儿:"你今天不背出来,或者不念出来,就别下课了,到后面罚站去。"

于是我乖乖地走到教室后面贴墙站着,留下讲台上一脸蒙的老师。

我站了一整天,直到放学,同学们都走光了,教室里只剩下我和老师。老师拉着我的手在座位上坐下,语气温柔:"现在这里只有我们两个人了,你对着老师把这首诗背出来,好不好?"

我抬眼看了看她,张了张嘴,却终究没开口。

空荡荡的教室、笑容温柔的老师、始终沉默的小女孩,还有黄昏时洒进玻璃窗的晚霞,是我对于幼年上学最早的记忆。

02

就这样,我长成了一个不爱说话、有社交恐惧症的性格被动的人。甚至很长一段时间,我在学校写作业时,都把作业本捂得严严实实的,生怕别人看到我写的字。因此,我早早就近视了。

我在自己与世界之间树立起一道隐形的屏障，将自己隔离在世界之外。我喜欢一个人待着。

所幸那时的快乐也很简单。我一向擅长自娱自乐，看看书，写写字，发发呆，采花遛狗，爬树摸鱼，捉虫追鸟……足以让我拥有一整个无忧无虑的童年。

大学我学的是财务会计专业，虽不甚喜爱，仍拼尽全力学好它，专业成绩经常在全校数一数二，也得以靠着每年的高额奖学金避免了兼职工作赚生活费，从而有更多时间做自己喜欢的事。

二十出头时，我像王小波那样，"在我一生中的黄金时代，我有好多奢望。我想爱，想吃，还想在一瞬间变成天上半明半暗的云"。

意气风发，渴望少年得志。满怀着对这个世界的跃跃欲试，认定做一件事就该拿到一件事的结果，总以为自己的未来是了不起的，急着成为星空下不一样的烟火。

那时我对理想自我的设想，大抵就是电视剧里都市白领的样子：穿着漂亮的时装，踩着高跟鞋，在职场叱咤风云，摆平一切，不断升职加薪，出任CEO（首席执行官），并找一个优秀的伴侣，在大城市安家，走上人生巅峰。

怀着对未来的憧憬，一毕业，我便前往深圳。

03

深圳的节奏很快，我一刻也不敢停下来，唯恐自己不够快。我从未放弃过跟自己较劲，碰过壁，也流过血，但成长中该走的弯路、该受的苦，我一样不落地经历。

不可否认，作为一名打工人，我远远达不到出任 CEO 的标准。

工作中，原本社恐的我已经可以自如地与人交谈，能和客户好好相处，逼自己一把，也能脱稿发言五分钟，我还拿到过演讲比赛的冠军。

但我始终学不会处理各种人际关系，学不会圆滑变通，始终是清冷疏离的性子，不懂媚上，也不会御下，工作中拼尽全力，也只混了个中层管理的职位。

年少轻狂时，也曾艳羡出入 CBD（中央商务区）、飞越太平洋、谈几亿大单的精英丽人，仰慕在各种峰会上侃侃而谈、气场强大的女性楷模，想着有朝一日能向她们靠近，却始终没能逃脱"理想很丰满，现实很骨感"的命运。

后来我发现，在全国各地出差时，住的无论是豪华间还是标准间，无论是快捷酒店还是星级酒店，我睡觉时从来只睡在床的一边，而另一边，一晚上都未动过。

无论你处在怎样的环境，你的习惯、你的经历会促使你做出相同的选择，指引你走上相同的道路。我们往往在心灰意冷的时候羡慕别人的成果，阳光灿烂时却依旧坚持自己的生活。

多年的内耗之后，我没有战胜成为庸碌之人的内心恐惧，却也未靠近我年少时仰望的高度。

成长大概就是不断与自己的失望和解的过程，接受丑小鸭没有变成白天鹅，接受三十几岁没能升职加薪、当上 CEO、走上人生巅峰，接受所有的事与愿违。

04

孟子有句话:"行有不得,反求诸己。"

回想起来,救赎我的,从来都是一个人的时光。

是的,我并没有过上曾经期待的都市精英那光鲜亮丽的生活,甚至与这种生活渐行渐远,或许此生再也无从指望。

但平凡的生活有一天让我醍醐灌顶:怎么过,都只得一辈子。人生最坏的,就是没能过上自己想要的生活,可那又怎样?这并不影响我发现和创造生活里的美好与感动。况且,你如何能确定,年少时的起心动念就是你此生真正想要的生活?

美国心理学家罗伯特·凯根说:人的智识是可以终身成长的。

智识成长的标志之一是,把越来越多曾经以为自己说了算的东西打碎了,再拼起来,看清自己,找到自己真正想要的活法。

就像王朔所说:"我曾经以为日子是过不完的,未来是完全不一样的。现在,我就待在我自己的未来,我没有发现自己有什么真正的变化,我的梦想还像小时候一样遥远,唯一不同的是,我已经不打算实现它了。"

有时候,"认输"是一种智慧,在深刻的自我认知后承认自己不能改变某些事,脱离主流标准去探索和寻觅自己的内心,走出一条最适合自己的路。

接纳庸常的那一刻,我身上的枷锁仿佛卸下了,活得更理直气壮了。

我仍然有梦想，但再谈起这个词，我不再焦虑，不再担心它实现不了，只是珍重每一个当下，努力去做一个有些许成就的人，亦做好了准备，也许我此生，会和"功成名就"无缘。

安之若素，心头便多了一份坦荡和勇气。

碰了无数次壁后，我终于确认自己并没有升职成公司CEO的才能和魄力，也没有在名利场周旋的城府。曾经的出任CEO、走上人生巅峰的梦想，我不再想实现了。

现在，我终于找到了一条更适合自己的路：我可以成为我自己人生的CEO，决定自己的方向，做喜欢的事，看想看的书，写想写的文字，和喜欢的人合作，去想去的地方旅行，不见太多人，生活简单，每天工作，每天思考，每天成长。

05

很喜欢周杰伦《稻香》里的歌词：

追不到的梦想，

换个梦不就得了。

为自己的人生鲜艳上色，

先把爱涂上喜欢的颜色。

笑一个吧，

功成名就不是目的，

让自己快乐快乐,

这才叫作意义。

没有决定是一贯正确的,人生的方向可以随时调整。世间都以为你苦,但你自得其乐,那便是乐;世间都以为你乐,但你知道自己的苦,那便是苦。别人能判断什么?

所谓成熟,不是世故,也不是妥协,而是明白什么年纪该做什么样的事,有多大能力,便承受多大的结果,能享受最好的,也能承接最坏的。

迷茫的时候总会有,但你得问自己:这是你想要的生活吗?如果是,请坚持。

经风历雨之后,你会明白,你想和什么样的人在一起,想过什么样的生活。而不是别人给你列出来各种目标,给你分析利弊。

重要的是,找到一件事,你可以以真实的自己面对它,内心纯净无瑕。

保有热情,依旧努力,在每个日子的尽头处,迎接下一个天亮。

全职做自己，
兼职做妈妈

当我们学会用"经营"取代"牺牲"，

就会发现，

当妈妈和做自己从不矛盾。

生孩子最大的意义，

或许就是借由陪伴一个小生命成长，

把自己重新养一遍，

在这个过程中，不断重塑和更新自我，

让自己变得更完满、更丰富。

01

朋友圈里，看到一位友人发的状态："好想把他们塞回到肚子里，真的太崩溃了！"配图是一大一小俩娃张大嘴巴"暴风哭泣"，颜料、积木等各种玩具撒了一地，满屋子狼藉。

看看发布时间，将近午夜十二点。

这已不是她第一次崩溃了。

她与我同龄，原是家中独女，看过她二十几岁时的照片，灵动娇俏，想来也是被父母捧在手心里长大的。

后来她远嫁到湖南，四年间生了两个孩子。公婆身体不好，老公工作忙，加班、出差不断，也尝试过请保姆，终因不放心、不满意而作罢,她不得已辞职,在家照顾两个孩子。

这些年,养育两个孩子让她心力交瘁。前段时间见到她,身材发福、皮肤粗糙、精神萎靡,与当初那个少女判若两人。

她说,自从当妈后,再没有睡过一次整觉、看过一次电影,没有约闺密逛过一次街,更别说做一些自己喜欢的事情了,和别人聊天,话题也总是三句不离孩子。

她感慨:"全职妈妈没有自我,牺牲太大了。"

当妈妈后,保留自我、活成自己想要的样子到底有多难?

无数个熬不完的夜,无数次涨奶、通奶的折磨,无数洗不完的碗、拖不完的地,无数场婆媳、夫妻的争吵,无数个濒临崩溃的瞬间,家庭开销、孩子教育……生活的功课,只多不少。

一步步妥协,一点点退让,成为"某某太太""某某妈妈",唯独不再是自己。

02

在很长一段时间里,我都对生孩子怀有一种深深的恐惧感,害怕那个小小的人儿吞噬掉我所有的时间、自我和对生活的热情。

直到遇见安安。

我在某一年"裸辞"后,旅行到南方的一个海滨小城,在一间民宿住了两周。安安就是那间民宿的老板娘。

见到她时正值午后,她一手抱着娃,一手利落地打扫前厅,嘴里还指导着旁边一个五六岁男孩做作业。

那时是旅游淡季,客人不多,我进进出出,便和她熟络起来。

她之前在深圳做销售工作,打拼十年积攒了一笔资金。由于受不了深圳的高房价、高消费,和老公一起回家乡开了民宿。

他们在这个小城里有两处民宿,两人各分管一处。

"你要带两个孩子,平日里还要管理民宿,忙得过来吗?"我问。

"咱这处是今年才投入使用的,在此之前,我算是全职妈妈吧,围着孩子转。"

"每天带孩子,会觉得烦吗?全职妈妈是不是就没有自我了?"

她想了想说:"我觉得围着孩子转不一定会失去自我,也可能成就自我。我们其实可以把追求自我价值跟养育孩子合二为一。"

她的大宝是早产儿,面临母乳不足和睡眠不佳等问题,又是一个高需求宝宝,爱哭,身边离不开人。

在现实的逼迫下,她挤出一切时间研究育儿书籍,关注网上的各种亲子话题,寻找解决问题之法。

慢慢地,以前对什么都是"三分钟热度"的她对育儿这件事产生了无法自拔的沉迷和热爱!

随着孩子长大,她又学习了儿童认知、语言、情绪、社交等方面的知识,考了育儿领域的几个证书,还把学到的理论用在实践中,让陪娃的时光变得更加充实有趣,孩子在游戏中获得成长和成就,变得自信、开朗、勇敢。

此外,她还通过自己积累的低价购物渠道,为妈妈们提供优质实惠的产品,慢慢开启了自己的小事业。她在赚取差价的同时,也让顾客们得到了实惠;她把自己的育儿经验发到网上,积累了十几万粉丝。

二宝出生后,有了养育大宝的经验,她得心应手。

"在这个过程中,我变得沉稳、有耐心,也慢慢治愈了童年缺失母爱的内心伤痕。我没有放弃修炼自我,获得了成长与新生,因为妈妈这个角色就是自己的一部分啊。当我把育儿当成理想、当成爱好、当成事业全力以赴之后,我发现做妈妈和做自己并非要泾渭分明,它们可以很好地结合在一起,相辅相成。"她说。

这番话让我豁然开朗,我接着问:"学习这么多东西,时间够吗?"

"时间是可以挤出来的。孩子一定得亲自带,我没请保姆,也没让老人带,他爸也会参与带娃。崩溃的时候总会有,要懂得调教队友,还要懂得放过自己,我们不需要做完美妈妈。"

是的,再多的育儿理论,也不如全然陪伴孩子成长。

大宝现在五岁,是个开朗又善良的小暖男,小小年纪便展现了惊人的知识储备,这与父母的陪伴和教导分不开。二宝是个两岁的小女孩,会贴心地帮妈妈捶背。

活得真实,尊重自己作为妈妈的身份和感受,倾尽全力投入其中,升级妈妈这个角色的价值,是我从她身上学到的。

03

安安的经历让我明白,带娃本身就是一件有价值的事,只不过这种价值要等到孩子慢慢长大之后才能显现。这种价值在当下看来意义不大,毕竟任何未来的价值都无法缓解妈妈们当下日复一日的焦虑。

但我们依然能够在"妈妈"和"自己"之间找到平衡：全职做自己，兼职做妈妈。

一位两岁孩子的妈妈曾跟我说起她的矛盾和纠结。

她很想去参加线下课程或者健身，但又纠结宝宝还那么小，不在自己的眼皮底下，担心老人带娃不仔细。每天上着班，却时时刻刻想着家里的宝宝，想全职照顾孩子，又怕失去自我。

这些看似两难的抉择，会让我们陷入"无法做自己"的矛盾。但这个时候，如何选择真的有那么重要吗？

其实比起怎么选择，"活在当下"的觉悟和果敢更重要。顺应内心的引导去抉择，全心投入做好当下的事，才能避免内耗。

在决定生下孩子的那一刻，你就做了为他付出的承诺。你不是因为他而没有了自我，而是你的自我被扩大了，里面多了一个人。

"妈妈"这个身份，像社会职位一样，只是自我的一部分。

养育孩子的过程，永远不会"完美"，你会遇到各种挑战，会内疚、迷茫。但这些都会让你拥有更多的智慧，让你成长，让你的价值升级。

作家宽宽说："女人的自我没有那么好失去，生命里迎面而来的每项任务，都可以成为塑造自我的工具，可以成为我们通向完满的道路。孩子，是最艰辛的一项任务，却也是通向完满的一条捷径。需要做的，恰恰是忘我地投身进去。"

放下焦虑，尊重孩子的生长节奏，活在当下，好好爱自己，我们不仅不会失去自我，还会获得另一种自我成长和实现。

04

我从不认为一个女人的生命要经由孩子才能变得完整,生孩子只是我们漫漫人生中的一份体验,如果你不想要这份体验,当然可以选择不生。

但无论生或不生,我们都首先是自己。

孩子也不是我们的附属品,他是一个独立鲜活的个体,有权按照自己的意志生活。

作家余光中在《日不落家》里说:"人的一生有一个半童年。一个童年在自己小时候,而半个童年在自己孩子的小时候。错过了自己的童年,还有第二次机会,那便是自己子女的童年。"

生养孩子最大的意义,或许就是借由陪伴一个小生命成长,把自己重新养一遍,在这个过程中,不断重塑和更新自我,让自己变得更完满、更丰富。

我们和孩子之间是互相成就的关系,而非彼此捆绑。

我更愿意把孩子看作自我成长的对标,把养育孩子当作再养一遍自己的契机,倾力投入其中,这未尝不是人生的一种经营和圆满。

当我们学会用"经营"取代"牺牲",就会发现,当妈妈和做自己从不矛盾。对自己有规划、有要求的女性,不管生不生孩子,都能挤出时间充电学习。

而这些从不放弃经营自我的女性,也更容易养出幸福、独立又自信的孩子。

"30+"姐姐赚钱的正确态度

在明确金钱重要性的同时,
沉淀下来修炼技能,
借利他思维为别人提供价值,
不断拓展认知边界,让自己更值钱。

01

某一日收到一位读者的私信:"上班工资太低,想多赚点钱,您有什么建议吗?"

我回复她:"拍视频、做海报、社群运营、写作、做自媒体,或者练好厨艺摆夜摊,都是不错的增收渠道。"

她说:"这些我都不会。有没有更适合我的?"

经了解,才知道她所谓的"更适合"的工作,是不需要技术含量,谁都可以做。

不可否认有这类渠道,但做这些事有一个缺点:钱赚起来太辛苦。这里的"辛苦"是指只能通过出卖劳动力去获得一份微薄的收入，这些收入不可持续，这件事对个人成长也没有任何助益。

告诉她这些后，我试探着提醒："想有长远的收入，还是去做一些有技术含量的事情，哪怕过程慢一些。"

过了许久，她回复我："我也想啊，但我不会，还是算了吧。"

我没再多说什么。

你有没有发现，现在姐妹们聚会聊得最多的话题，不是男人、家庭、八卦，而是赚钱。

赚钱是生活独立，也是精神独立的资本。

我以前对赚钱的概念停留在按部就班的工作上，认为上班是赚钱的唯一途径，而且因为具有文青思维，更向往岁月静好，缺乏野心勃勃。

年龄来到"30+"，这些年经历了一些变故，收入结构也发生了变化，还结识了一些很会赚钱的女性，才后知后觉赚钱的底层逻辑，对赚钱这件事有了新的思考。

02

赚钱能力取决于你的长板有多长。

学生时代常听老师讲"木桶理论"，意思是一个木桶能装多少水，取决于最短的那一块板。

这个理论对于考试来说委实是金科玉律。但步入社会后你会发现，公司和老板并不需要各方面都懂的人，因为这样的人往往各个方面都不冒尖，反而某个方面足够优秀的人，更易得到青睐。

当你的长板足够长，就能打造自己的稀缺性，获得其他人没有的机会和资源。而你也可以通过合作、购买的方式，弥补自己的短板。

很多人没有意识到这一点，在年轻时凭借热情和体力，广撒网，多折腾，或是偏一隅，求安逸，却始终未在一项核心技能上精进，看似花了许多精力和时间，挣到的却只是不具备再生潜力的小钱。这会让你错过提升技能的黄金时间。

赚钱是有一定门槛的，当你拥有了一门拿得出手的技能，你就踏上了通往财富增长的重要阶段。

比如提到辣酱，我们首先想到的就是"老干妈"。创始人陶华碧女士原是一名普通农妇，四十二岁才开始开小吃店卖冷面和凉粉。让她没想到的是，顾客最钟情的是她自制的麻辣酱。于是她关闭小吃店，转换赛道，专注研发升级麻辣酱的口味。这才有了国民辣酱品牌"老干妈"，远销全世界。

用长线思维赚钱，踏踏实实提高技能，让自己成为某个领域的专家，是缺乏资本打底但最终赚到钱的秘诀。

而任何技能，都可以通过刻意练习修炼和提升。在自己喜欢或者擅长的领域，专注地深耕数年，完全有可能实现从新手到专家的跨越。

想赚钱的女生，年轻时一定要全力以赴地投入工作，找到自己擅长的，刻意练习提升技能，让自己的长板足够长。

03

利他思维，让你更值钱。

有人说："人这一辈子追求两件事，一件是有钱，一件是值钱。"
有钱的人不一定值钱，但是值钱的人一定有钱。

值钱意味着，你有利他思维，能为别人提供价值：或是用自己的专业知识帮别人解决问题，或是用自己的能力帮别人创造收益。

一切商业的本质就是利他。利他是一种态度，也是一种能力。

我听过一位做形象美学工作室的姐姐分享自己十年前拿到第一个一百万大单的故事。

彼时她的工作室成立不久，一位女老板找过来让她帮忙搭配服饰和配色。自此她服务了这位女老板近一年时间，成功让其改头换面。

每次采购，她都会做好详细的清单，列好平替预案，以节省女老板的时间。每一次付款前，她都会帮女老板做理性分析，甚至对有无折扣、折扣可否叠加都了解得一清二楚，避免盲目消费。

其间有一次去商场采购，她陪女老板逛了整整一天，直到晚上十点半才将所有的衣物购齐。优惠券得去商场顶楼的服务台换，她便踩着八厘米的高跟鞋楼上楼下来回跑，脚磨出血泡都不自知。

这些细节都被女老板看在眼里。那天晚上，她拖着疲惫的身体回到工作室，马上就接到了女老板的电话，说要给她介绍团单客户，含六十个女企业家、女高管，总价格在一百万左右。

这是她的工作室拿到的第一个一百万的大单！

后来她们成了忘年交。十年后提起这件事，女老板动情地说："是你让我告别了曾经的死气沉沉和黯淡无光，让我发现自己居然还有这么灿烂的一面。你十年前帮我买的那件浅蓝色大衣我至今珍藏着，这是我衣柜里最便宜但是好评率最高的一件衣服。你处处为我着想，明明看出来我很有钱，但还拼命替我省钱。你的真诚打动了我，所以我想帮你。"

听完这些话，她热泪盈眶。

你怎样做事情，你是个怎样的人，别人都看在眼里，记在心里。

这位姐姐的利他之心让她专注于给别人提供更高更好的价值，做到了极致交付；这种工作态度又反哺她的事业，让她越走越远。

想从别人那里赚到钱，要做的第一件事不是索取，而是思考我们如何将自己的专业和别人的需求结合起来，要为别人提供价值。

利他思维，会让你更值钱。

04

你所赚的钱，都是你认知的变现。

猎豹移动创始人傅盛说："认知，几乎是人与人之间唯一的本质差别。技能的差别是可量化的，技能再累加，也只是熟练工种。而认知的差别是本质的，是不可量化的。"

想要赚钱，关键是提升自己的认知能力。

（1）对自己有清晰的认知

提升认知的第一件事，就是客观地评估自己：你是谁？你擅长什么？你的能力边界在哪里？你的父母、朋友在什么层次？你在哪儿播种才能真正有所收获……

（2）对一切保持开放的态度

学会接纳外界的思维、方法、思路、意见、模式等，对一切新生事物乐于了解和尝试，不故步自封、固执己见。

（3）勤经历，勤思考，勤实践

多学，多做，多阅读，多复盘，多反思。认知的真正提升需要付诸实践，保持耐心，立足长远，坚持做那些短期内看不到效果的"无用之事"，积极应对困境和挑战，通过积累经验或总结失败的教训，一步步提升自己的认知。

（4）对外破圈，向高认知者学习

现有的圈子只能让你达到目前的成就，带着空杯心态向上链接，收获更多智识。

每个成功者的背后，都藏着他的圈子、认知、思维、能力、自律、格局、执行力等。当你身边有许多更有眼光、更有资源的人，你自然会耳濡目染，通过信息差和认知差，赚到别人赚不到的钱。

永远不要靠运气和投机去赚钱。扩大自己的认知边界，每天进步一点点，才是你当下最应该做的事。

这个时代，互联网给女生们提供了很多赚钱的机遇和可能性。在明确金钱重要性的同时，沉淀下来修炼技能，借利他思维为别人提供价值，让自己更值钱，不断拓展认知边界——才是我们赚钱的正确姿势。

Part 6

过自己想要的生活，做自己想做的事

20 岁很好，
没想到 30 岁会这么好

> 人生的方向不会一成不变，
> 没有哪种活法是绝对正确的。
> 自由也不在别处，
> 而在每个人的心里。
> 我们终其一生追求的，
> 应该是成为自己想成为的人，
> 过上自己喜欢的生活方式。

01

微信里，收到了深圳朋友 W 小姐发给我的照片。

彼时，她正在参加深圳 ACCA（特许公认会计师公会）举办的晚宴。照片上的她身着一袭黑色小礼服，淡妆红唇，长发披肩，眉眼清丽，有一种可远观而不可亵玩焉的清冷气质。

我看到了一个 "30+" 女性独有的悦目的美：有充满挑战性的高薪工作，有向上生长的姿态，住着属于自己的房子，无须依附任何人，只需取悦自己。

独立，舒展，自足，无畏。

有智慧的女人，如山间汩汩流淌的小溪，有自己的自由节奏，每一次驻足，全凭自己喜好。

她说："二十出头的时候，我从北方小镇走出来，在北京'漂'过几年。那时候从来没想过自己在三十多岁时会定居深圳，也没想过'30+'原来可以这么好。"

在二十几岁时，我也非常恐惧三十岁的到来，总觉得那时会有容颜迟暮、梦想无望的悲怆和凄凉。

但现在，我正是"30+"，却感觉到最好的人生刚刚开始。

02

曾经在书上看到过这样一句话："不要为那年的青春哭泣，最好的自己你还没有遇到。"

深以为然。

二十几岁的时候当然好，满脸胶原蛋白和紧致的皮肤，拥有最年轻、最饱满的状态，和不撞南墙不回头的勇气。社会和职场对我们的容错率也高，可以无所顾忌地去打拼闯荡。

但同时，二十几岁也伴随着跌撞、彷徨、难过、自卑，不敢面对真实的自己，对伤痛和失去毫无抵抗力，在社会的最底层挣扎着往上浮。

当时光来到三十岁，你有了一些阅历和存款，内心也更强大。如果更幸运一些，已经找到了自己热爱的事业和相携一生的伴侣，就会少了二十几岁时的慌慌张张、患得患失。

我也是三十岁时，才开始真正喜欢自己的。我发现，以前耿耿于怀的自己身上的那些缺憾，在这个年纪看来好像也算是优点。

我是个极度慢热的人，话少，不擅长寒暄，在人群里会不知所措，与陌生人接触容易紧张。但也正因为如此，我非常善于独处，也善于思考，三缄其口的同时，也避免了祸从口出。

慢热的人往往真诚而深情，我是一个重感情的人，擅长与人建立深度而牢固的情感链接。

我还是个高度敏感的人，会因为别人的一句话脑补出一部微电影。但也正是这样，我有着非常敏锐、细腻又丰富的内心，拥有同理心和共情力，这些是我写作的助力。

以前，我羡慕别人左右逢源、快速破圈。现在，我更喜欢按照自己的节奏做自己喜欢的事。每个人都有自己的花期，不必焦虑别人提前绽放。

"30+"的我，不再盲目与别人比较，而是有了趋于稳定的自我内核，越来越相信自己所处的位置、所做的事情，就是当下最好的安排。

"好"不仅仅指经济条件，更关键的是内心沉稳而笃定、坚韧而勇敢。

"30+"的勇敢，和二十几岁时不同。

二十几岁的勇敢，更多的是初生牛犊不怕虎，是不撞南墙不回头，是一腔孤勇。

但"30+"的勇敢，是阅历和探索积淀下来的"敢要"的底气——人生过半，我们更加明确自己是谁，想要什么，想过哪种生活，然后勇敢地去要，这是一种智勇。

如果你让我总结三十几岁和二十几岁最大的不同，我想应该是与自我达成了和解。

这种和解的底色不是妥协，而是允许和接纳。允许自己跟别人不一样，允许自己做自己，接纳自己性格上的所有不完美，接纳自己可能拼尽全力也只是一个普通人，接纳有些力量只能自己给自己，不再幻想来自他人的救赎。

三十岁之后，随着阅历、财富的增加和心智的提升，更加关注自己内在的感受，不再追求昭告天下的幸福。

人生下半场的敌人，其实只剩下自己。

03

和冬姐相识，源于一个线下读书会。那天恰好是她三十九岁的生日，她带着儿子过来参加读书会。五岁的小男孩安安静静地坐在一边读自己的小书，平日里一定少不了妈妈的熏陶。

她在三十五岁的时候离开了体制，做起了美学形象管理师，还开了工作室。她每次来读书会，都会给大家带一些自己做的吃食，每次的妆容和穿搭非常亮眼，有时还会免费教姐妹们衣着搭配和化妆。

每每见到她，我都会在心里感叹：岁月真是从不败美人。

当被问及这个年纪离开体制有没有后悔过，她说："从来没有。我在二十几岁时也以为自己会在体制内待一辈子，但是到三十五岁，我发现我更想做一些事情，看看人生还有没有其他可能性。我很喜欢现在的年纪和状态，至少活得清醒些了，知道自己的价值在

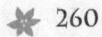

哪里。"

提供读书会场地的是一家开在民宿内的图书工作室,主理人是从一家"世界五百强"公司离职的"30+"姐姐,舒眉朗目,尽显丰盈,举手投足,皆是优雅。

来参加读书会的女性,年龄大多是三四十岁,有职场妈妈,也有单身但活得无比丰盛的自由职业者、乐手和旅人。大家除了读书心得,也会分享各自的成长经历。

她们让我真切地看到"30+"女性的状态,除了家务、孩子,还有诗和远方。

年龄赋予她们的,不仅是容貌上的变化,还有对待生活的从容和智慧,以及对于自我的笃定。

比起那些满面桃花、身材窈窕、穿什么都好看的二十几岁少女,我更欣赏熟龄姐姐们。

她们不是不懂得怎样迎合这个世界,只是更懂得如何取悦自己。她们并不贪恋年轻时的胶原蛋白,而是珍惜每个当下,试图"成为自己",而非"成为别人"。她们更尊重内心的舒适,而非外在的成就。

知道自己该去往何处的人,能就着时光的纹理,把岁岁年年都过成最好的日子。

不知道你有没有发现,很多人现在过的生活,是十年前他们未曾想到过的。同样的道理,十年后我们的生活,或许也会发生翻天覆地的变化。而能否变得更好,取决于我们能否日复一日地更新自己。

04

我走过了二十几岁的混乱不安,终于在三十岁学会了拥抱自己。

三十五岁这一年,我全力以赴做热爱的事,也尝试以前没有做过的事,生活节奏慢下来,不再刻意追求快,更能沉下心积累。

以前渴望自己变得活泼以融入群体,现在却更喜欢原本安静平和的自己,也更加接受自己的普通和平凡,接受自己有时无能为力。

前面的路或许更美,或许更难,我已做好准备付出一切,去成为真实的自己。

如果说二十几岁是躺在海边沙滩上,放松轻盈,那么三十几岁就是跳入了一整片海,拥抱更广阔的世界,看到更多元的自己。

人生的方向不会一成不变,没有哪种活法是绝对正确的。自由也不在别处,而在每个人的心里。我们终其一生追求的,应该是成为自己想成为的人,过上自己喜欢的生活方式。

很喜欢开车时导航说的一句话:"您已偏离路线,已为您重新规划路线。"

人生何尝不是这样?

无论在哪个年纪,都不用为失去或错过惋惜、难过、焦虑,而应及时重新规划路线,换一条路去抵达你期待的终点。

我读过《时间的玫瑰》这本书,对里面的一段话印象深刻,在此分享给你:"如果你真的有才华,有广阔的胸襟,愿意努力奋斗,不忌妒他人的财富,不无所事事,不整天抱怨自己的生活,不找理由逃避责任,你就有可能改变自己的命运与现状。"

经历时光,努力成长,三十几岁会更好。

做天后、当新娘，都可以是理想

> 真正的成功应该是得偿所愿，
> 按照自己的意愿过这一生，
> 在自己的世界里
> 活得自洽而周全、优雅而丰盛。

01

国庆长假时回老家探望父母，正好碰上发小阿宴也从北京回来探亲，于是我俩叫上共同好友晓晓，仨人聚了聚。

学生时代，我们是一起上下学的伙伴，长大后各奔东西，联系甚少。如今二十几年过去，大家活成了不同的模样。

先说晓晓。

让我印象深刻的是，小学三年级时，老师布置了一篇作文，题目叫《我的梦想》，那节课上，老师让大家轮流站上讲台，大声朗读自己的作文。

有的同学说自己的梦想是当法官,有的同学说想当警察,有的想当科学家,有的想当医生,还有的说想赚很多很多钱……

轮到了晓晓,她一字一句地读道:"我的梦想是成为一个新娘子,当一个好妈妈,每天给我的孩子做好吃的,晚上带他数星星,给他讲故事,寒暑假的时候带他到处玩儿……"

课堂上一阵哄笑。

后来,她去了市里念师专,毕业后成了一名乡村小学老师,如愿嫁给了自己喜欢的男孩子,有了一个儿子。近两年,她因表现优秀调到了县城的小学。

她真的做到了当年自己作文中写的样子,每天给儿子做不重样的餐食,寒暑假,朋友圈里总能看到她和老公带儿子出门游玩的照片。

我见过她的儿子。小男孩很爱笑,健康又阳光,虽然很皮,但不失礼数,看得出是在爸爸妈妈满满的爱里长大的。

我去过她家几次,是一个面积不大的三居室,装修很简单,却布置得格外温馨,家里永远有新鲜的绿植和花卉,各个角落都放着书,处处透着认真生活的痕迹。

我曾问过她:"一辈子待在这个小县城里没出去闯荡,会觉得遗憾吗?"

她反问道:"你知道我小时候最渴望的是什么吗?"

我愣住了,一时间不知如何作答。

"就是每天醒来爸妈都在我身边,每天都能和他们一起吃饭,可以和同学们炫耀妈妈做的菜有多好吃,希望他们可以出席每一次家长会……"说完她笑了,那笑里竟是无尽的苦涩。

她的父母在她出生后不久就去外地打工了,每年只在过年时回来一次,她是奶奶带大的。在最需要父母的那些年,她对父母的思念只能寄托于电话线。

我突然想起小时候有一次放了学,她在我家写作业,我留她在我家吃晚饭。我们一家四口加上她,刚好五个人。

妈妈做了一大桌子菜,还给我们三个孩子一人做了一碗蒸水蛋。她捧着碗,眼眶湿润,怕被发现,飞快地抹了把眼泪,对我妈妈说道:"阿姨做的菜真好吃。"

现在想起那个场景,我的心被深深刺痛了。

是了,她的梦想,就是要有家,有亲人,有温暖,有其乐融融的烟火气,有简简单单的小幸福。这些比住多大房、创多大业、赚多少钱更为重要。

我越来越能理解九岁时她写下的那个梦想。

"我不遗憾。我很满意现在的生活,这就是我想要的。"她说。

那一刻,我的心底涌起满满的感动。

这世间有多少人,年少时怀揣远大的梦想,最终却湮没于现实之中。如果这一生能健康、快乐,安然过着自己想要的生活,不违背自己的心意,做一个平凡的普通人又何妨?

02

阿宴去了北京上大学,念的是市场营销专业,毕业后留在了北京。

刚工作那两年,她和一个女孩住在阴冷潮湿的地下室,到了冬天,还经常停水停电停暖气,可她依然瑟瑟发抖地窝在被子里写策划案到深夜。

她的工作每天都像在打仗。她曾经为了争取一个合作项目,先后拜访客户五次。最危险的一件事是她追去机场的客户,途中过马路时被一辆小车撞倒。她的第一反应不是检查自己身上的伤,而是看手表,盘算自己能否在航班起飞之前赶到机场。估摸着还能追上客户,她颤颤巍巍站起来,拖着伤直奔机场。最终,她拿下了这个大单。

她从不掩饰想留在北京的野心,是公司出了名的"拼命三娘"。几乎每个月她都是销售冠军,进公司不到两年就有了自己的销售团队。

上天总会眷顾拼命努力的人。

毕业三年后,她的住处从五环的地下室搬到了二环的小区,而她也从一名小小的销售员成为集团的销售骨干。

后来,公司业务受疫情影响,损失严重,她从零学起,积极启动直播模式。我曾见她带领团队连轴直播,直到嗓子发炎才被迫停下来。

正是她的积极转型,让公司杀出一条生路,领导对她更倚重了。

工作之余,她也一点没闲着,攻读北京大学的MBA(工商管理硕士),即将毕业。

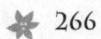

奋斗数年，她终于在北京买了房。她将手机里存的房产证照片拿给我们看，我觉得那不仅仅是一张证书，更是她一路升级打怪的勋章。

我突然想起大学时的某个寒假，我们去KTV（歌房），合唱TWINS的《下一站天后》，里面有一句歌词是"最后变天后、变新娘，都是理想"，唱完后，她对着话筒大声说："新娘你们去当吧，我只想做天后！"

这些年，她拼命提升自己，有想法、有胆识、有执行力，赤手空拳在北京打下一片属于自己的小天地，妥妥的励志大女主。

阿宴和晓晓，一个做了天后，一个当了新娘。

以世俗价值观来看，阿宴无疑更成功一些。但从自我实现的角度来看，她们都选择了最适合自己的生活方式，活成了自己最想成为的样子。

热爱家庭、重视亲情的小镇姑娘，并不比外出闯荡的独立女性卑微。只要遵从自己的意愿，有独立的人格，不放弃自我成长，任何一种生活方式都值得尊重。

就像毛姆在《月亮与六便士》里所写："做自己最想做的事，生活在自己喜爱的环境里，淡泊宁静，与世无争，就是糟蹋自己吗？与此相反，做一个著名的外科医生，年薪一万磅，娶一位美丽的妻子，就是成功吗？"

每个人都是独立的个体，不必活成同一种形状。你可以野蛮生长，大杀四方，也可以踏踏实实，细水长流。

03

还记得电影《小妇人》吗?

原著作者路易莎·梅·奥尔科特讲述了一个家庭中四姐妹对于理想、爱情的不同抉择和她们的成长故事,激励了一代又一代女孩。

大姐梅格,为了爱情选择嫁给一个穷教师,婚后虽过得拮据却很幸福。

二姐乔,追求自己的写作梦想,自力更生,活得独立又自由。

三妹贝斯,投身慈善,因照顾患病儿童而被传染,身体虚弱,很早就去世了,但她的人生是快乐且无憾的。

四妹艾美,如愿嫁入豪门,跻身上流社会。

四姐妹活得多姿多彩,她们都顺应了心之所向,不畏现实,勇敢选择自己想要的人生。

作为观众,何能评判四姐妹谁活得成功,谁活得落魄,谁更幸福,谁又不幸呢?

现实生活中,有的人二十几岁就成了家,有了孩子,有的人五十几岁还在追求梦想;有的人喜欢香车别墅,为了车房奋斗了一辈子,有的人骑一辆摩托车愉快地走遍祖国的大好河山。

有怎样的追求、想过怎样的生活都可以,只要对自己的选择负责。

每个人的脾气、性情、成长经历和生活信仰都不同,我们很难用统一的标准去衡量谁更成功、谁更幸福、哪种活法更好。

在这样一个自由选择生活方式的时代,如果仍以赚多少钱财、得多少名利来衡量一个人成功与否,那未免太浪费时代给我们的开放和自

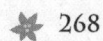

由了。

对成功的定义不该如此单一，而应该更智慧、更多元。这一世，能身心健康、家庭幸福、做热爱的事，未尝不是一种成功。

真正的成功应该是得偿所愿，按照自己的意愿过这一生，在自己的世界里活得自洽而周全、优雅而丰盛。

《人世间》作者梁晓声在接受采访时曾说："好的生活，应该是稳定而自适的。自适指的是让自己的心性安稳下来，过适合自己的那一种生活。"

如果你是晓晓这样渴望家庭温暖的姑娘，祝你如愿以偿，平静幸福；如果你是阿宴这样有野心、意在做天后的姑娘，祝你气场全开，大杀四方。

但愿我们在人间兜兜转转，最后都能以自己喜欢的方式生活——不管是轰轰烈烈大干一场，还是平平淡淡享受生活，都能活成自己世界的"大女主"。

别等，
没有那么多来日方长

> 死亡并不可怕，
> 可怕的是到死的那一刻才发现，
> 我们从来没有真正地按自己喜欢的方式活过。
> 死亡最大的意义
> 就在于让我们更好地认识生命，
> 意识到对待死亡的最好方式就是好好生活。

01

好友跟我说起自己离死亡最近的一次经历。

几年前，她根据体检结果进一步检查，发现自己患上了甲状腺癌，外加淋巴结转移。她说拿到诊断书的那一刻，仿佛看到了死神降临。

她积极配合治疗。所幸治疗效果很不错，身体恢复后，她得以继续工作。这次与死神擦肩而过的经历，让她更多地思考"死亡"这件事。

她说："'你永远不知道明天和意外究竟哪个先来'这句说烂了的话，却也是最戳心的事实。"

"死亡"一直是人们极力规避的话题，人们通常谈"死"色变。

但正如《奇葩说》里庞颖所说："如果我们谈死色变，就像谈性色变、谈钱色变一样，这些敏感的话题越不聊，问题就越大。你的好奇配上愚昧，最终只会变成扭曲。"

02

我在小学二年级时，懵懂地思考过"死亡"这个命题，那时我第一次见证了一场死亡。

那年我八岁，村里有个很年轻、很爱笑的阿姨，她有两个女儿，一个六岁，一个四岁。那是个温柔又善良的女人，我们都很喜欢她，每日都去她家玩。后来，她生了一场重病，家长们便不许自己的孩子去她家了。

我有时候放学回来，看到她扶着栏杆站在阳台上，身形羸弱，脸色苍白，目光呆滞，没有了往日的神采。

两个月后，年仅二十六岁的她过世了，撇下两个年幼的孩子。她的家人七手八脚地给她在自家小院里办了丧事。她过世时太年轻，村里人迷信，没什么人来赴丧宴。

从她过世的第一天晚上起，小院里开始播放哀乐。悲伤的音乐伴着白色的纸钱飘荡在初冬寂静的夜里，听着有点瘆人。

我想起小伙伴给我讲的鬼故事，心生害怕。此后很长一段时间，我外出或归来时，都会绕过小院办丧事的那个角落，晚上睡觉把头埋在被子里，整夜不敢关灯。

我明白，她再也不会给我们做好吃的，再也不会笑着给我们讲故事了，我再也见不到她了。

由此，我产生了对死亡深深的恐惧，害怕到整夜失眠。我时常想，未来的某一日，我也会如她这般，失去意识，敛去呼吸，见不到亲人，永远地从这个世界消失，也许是寿终正寝，也许是英年早逝。

每每想到此，我都会躲在被子里哭，因为知道自己一定会死，无法接受，却又无可奈何。

此后的很多年，这段经历始终在我的脑海里翻腾。

从幼年开始，家里人就不允许我们小孩说"死"，村里人也很忌讳说到这个字，尤其是老人们。"死亡"犹如洪水猛兽般成为人们最大的禁忌。

人们惧怕死亡，是因为对这个美好的世界无比留恋。毕竟，人间太值得。

现在人生过半，我时常忍不住思考：如果我的生命有期限，我该如何面对死亡的到来？我又该如何不留遗憾地度过这一生？

03

在网上看过一个临终关怀志愿者分享的故事。

一位八十一岁的老奶奶罹患晚期胰腺癌。跟其他人不同的是，她愿意跟临终关怀志愿者谈论死亡话题，而这个话题，是其他人避之唯恐不及的。

女儿坚持给她做化疗，这样可以让母亲多活几个月。

但化疗的痛苦和诸多并发症日日折磨着这位老人，进行到第三

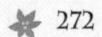

次时,老人再也不肯治疗。

她对女儿说:"死亡是生命的一个正常过程,我们要承认它到来了。"

女儿不肯,她无法承受母亲可能离世的痛苦,一次次哀求、逼迫老人接受化疗。但老人坚决不再接受任何治疗。最终,女儿只得含泪放弃。

这位老人含笑度过了她剩下的每一天,跟儿女们追忆过往,与陌生人聊天,而后安详地离去。

我很赞同这名志愿者对于死亡的认知:"死亡对我们来说是一次告别,但是告别并不意味着绝望。生命自有它的定数,我们要承认,生命到这里了,我们就应该让它离开。"

就像动画片《寻梦环游记》里的那句经典台词:"死亡不可怕,可怕的是被人遗忘。只要我们记得,他们就会永远活在我们心中。"

我在读《活着》这本书时,时时为主人公福贵的命运揪心。

福贵遭遇家庭破产、父母辞世、战争凄苦、妻儿离世等诸多苦难,最后连女婿和外孙都离他而去,留他孑然一身在世上。

但活着的意志,是福贵唯一不能被剥夺的东西。

正如这本书的自序里所说:"人是为活着本身而活着的,而不是为了活着之外的任何事物所活着。"

生命其实不带任何功利性,它本是一个自然流动的状态,是我们在活着的过程中,往它身上加了太多"社会性"——名利、金钱、亲情、友情、爱情……因此当生命寿终正寝时,人们才如此留恋。

那么,我们要如何坦然看待和面对死亡?

在临终时，剥离掉这些"社会性"，回归到生命最本真的样子。我们能迎接生，亦可坦然接受死。

04

本篇开头提到的那位好友说，此次与"肿瘤君"的对决，让她明白了两点：

一是死亡是对生命最好的教育，它能逼我们改变那些我们原本自以为是的陋习。

二是人生中的所有疾病、死亡、无法躲过的坏消息，我们只有看到它、面对它、愿意谈论它的时候，才可能去对抗它。

前一段，隔壁小区有个人被酒驾司机撞倒，送医抢救无效死亡，留下了两个嗷嗷待哺的孩子和哭得撕心裂肺的妻子。

某程序员在出差途中猝死。

某审计员在宾馆猝死，临终前还在工作。

就在去年冬天，我家附近的湘府路大桥上，一名三十一岁的男子在早高峰的车流中，义无反顾地跳进了冰冷的湘江里，起因是在工作中遭到领导严厉责骂。

……

还有许多"死亡"的事每天都在上演。

在这个高速发展的时代，人们不缺奋斗的激情，缺的是对生命的珍重。死亡最大的意义就在于让我们更好地认识生命，意识到对待死亡的最好方式就是好好生活。

"好好生活"从来不是一句空话，它意味着遇到再难、再苦的境况也别轻言生死。

"好好生活"意味着哪怕正在经历巨大痛苦,也不随意糟践自己,好好吃饭,好好睡觉。

"好好生活"是珍惜时间,做热爱的事,爱想爱的人,享受庸俗日常里的每一个当下。

"好好生活"是守护好开心、快乐、成就满满的自己,更要照顾好受伤、生病、把事情搞砸的自己。

十七岁时,乔布斯就通过死亡明白了生命的意义。2005年,他在斯坦福大学演讲时说:"从那时开始,过了三十三年,每天早晨我都会对着镜子问自己:'如果今天是你生命中的最后一天,你会不会完成你想做的事情呢?'"

向死而生,是最积极的活法。

一个人只有意识到自己有死的时候,才会开始思考生命,从而大彻大悟,摆脱享乐、懒散、世俗的束缚,不再沉溺于追逐金钱、物质、名位,积极实现自己真正的人生价值。

存在主义心理学家欧文·亚隆说:"死亡焦虑和你生命中还有多少未尽事宜存在正相关。换句话说,你越是未曾好好活过,你对死亡的焦虑就会越严重。"

死亡并不可怕,可怕的是到死的那一刻才发现,我们从来没有真正地按自己喜欢的方式活过。

生命没有那么多来日方长,趁无常未至、心血未冷,趁早去爱想爱的人,尽早去做想做的事,好好地活出自己,别等。

祝愿读到这里的每一个人,都岁岁平安,大步去走,大胆去爱。

那些离开北上广深的人，后悔了吗？

> 对于北上广深，
> 无论是逃离还是坚守，
> 重点从来都是：
> 你想要什么？你想成为什么样的人？
> 更高的人生追求，
> 需要更尊重自我的选择来成就。
> 抛开主流价值观、成全自己的人，
> 在哪里都能过得滋润。

01

可能是出生在小地方的缘故，我自小便憧憬外面的世界，对大城市充满向往。大学毕业后，我选择了深圳这座海滨城市。

仍记得大四毕业后，我和同学胡月背着大包小包坐大巴从湘潭去往深圳的情景。经过一夜颠簸，抵达时正是清晨。这个城市早已苏醒，呼吸很轻，阳光洒在干净的街道上，随处可见公园、楼宇。行人神色匆匆却井然有序地涌入地铁，时间在这里似乎快了几拍，那是他们朝着梦想奔跑的速度。

这是一座只看一眼便爱上的城市。街道两旁满眼的翠绿，和头顶那片清明澄澈的水洗蓝，是记忆里最美的颜色。

她赋予每个人的机会和资源都是均等的，不纵容玻璃心，不讥讽少年穷，不存在天花板，只要你敢拼，她就敢给。

而她对每个奔赴者的坦荡与真诚，莫过于那句"来了就是深圳人"。

那句话还有下半句："来了就住城中村。"

我毕业后的第一份工作是在一家全国知名的会计师事务所做审计师，住的便是福田的城中村。一个十五平方米左右的屋子被隔成了两间房，我和一位来自新疆的姐姐合租。我的房间不到五平方米，只能摆得下一张一米宽的床和一张小办公桌，月租却高达一千二百元。推开窗，对面楼栋的墙壁触手可及；白天外面明晃晃的，屋里却需要开灯；梅雨季节，被子和衣服总是有股潮潮的霉味儿；隔音差到几十米以外的吆喝声和车声都能听得一清二楚。

但彼时，我怀着对未来美好的憧憬甘之如饴。

"时间就是金钱，效率就是生命"的信条深入每个深圳人的骨髓，在深圳，没有生活，只有谈不完的理想、加不完的班、吃不完的泡面、搬不完的家。

毕竟，在深圳不努力，真的会交不起房租。

我同样被所谓的"深圳速度"硬拽着往前跑，一刻也不曾停歇。

我在数不清的白天或黑夜起飞或降落，见过凌晨三点的宝安机场；我屡次通宵达旦赶项目，也曾深夜高烧四十度独自去医院挂点滴；我被上司训过，被房东坑过；我曾仰望着灯火通明的地王大厦哀叹自己的渺小，也曾注视着海岸城的大片别墅感慨自己的贫穷；我在一个人的深夜醉过哭过崩溃过，又在第二天黎明到来时昂首挺胸硬气向前……

也是在这里，我遇到了很好的领导和同事，到现在依然深深感恩。

02

2018年的某一日，我加班赶一个报表。当我拖着疲惫的病体从公司离开时，已接近午夜一点，手机屏幕上躺着远方的男友发来的"生日快乐"的消息。

我才猛然想起，我三十岁了。

坐在出租车上，看着车窗外闪过的路灯、花木、街景，想起过往的九年，这种紧绷的工作节奏是我生命的常态。

我突然发觉，我似乎把"生活"弄丢了。

我的努力换来了职位的晋升和收入的增加，但随之而来的，是一年只见一次父母，是日渐稀疏的头发，是体检报告上的多项指标异常，是每个月都要去医院，是内心的迷惘和空洞。

过往的三十年里，我看似每一步都走得很确定：努力学习，填报热门专业，考上好大学，找到好工作，多赚点儿钱，买个好房子，结婚生孩子。我却鲜少问自己：这是你喜欢的吗？这是你想要的吗？这一生，你为何而来？

在三十岁的人生路口，这些问题犹如一簇簇利箭，在每一个深夜，刺得我千疮百孔。

梁永安教授说:"一个人一辈子需要出生两次,第一次出生是生理上的出生,第二次出生是精神上的觉醒,知道自己应该做一个什么样的人。"

我并未想清楚自己这一生为何而来,但我明白了自己不想要什么。努力工作指向的是好好生活,人不能为了工作而没有生活。

思虑良久,我最终决定离开深圳,回到长沙定居。

我虽是湖南人,却是在 2016 年从深圳去长沙出差时,才对长沙这座城市有了全面而深刻的认知。

那次出差,我在长沙待了十日,工作之余把这座城市逛了个遍。

沧桑厚重的古街老巷、令人眼花缭乱的灯牌、热火朝天的街边小吃、密密麻麻的人头……这种热热闹闹又踏踏实实、鲜活而生动的人间烟火气,是我在深圳这座国际大都市未曾感受过的。

我出差的公司在万达广场,下榻的酒店就坐落在湘江边上,走一段路就能到橘子洲头,下楼就能吃到外酥里嫩的臭豆腐。周末我可以捧着一杯奶茶和一罐串串溜达晒太阳,加班到深夜能点一份香辣小龙虾当消夜,尤爱长沙的米粉,每一口都能嗦到心满意足。

这十日,长沙在我心里留下了深刻的印象。

03

我从不认为离开北上广深是一种人生的无奈和失败。

相反,那是一个人对自己足够了解后做出的决定:你想要过什么样的生活?你想成为什么样的人?哪里是你真正的归宿?

这些只有你自己知道。

就像作家艾明雅所说:"这一切,没有对错,也没有好坏。每个姑娘都会有大梦想,然后归于小生活;每个姑娘都会有小梦想,然后湮灭于大的现实之中。"

生活,在哪里都一样。不一样的是,你以何种姿态对待生活。

我们在湘江边买下了一所小房子,经常去江边夜跑,听流浪歌手对着滔滔江水吟唱;更关注食材质量和身心健康,规律作息;有大把时间做自己喜欢的事;得以定期回家探望父母,也可以随时来一场说走就走的旅行。

我读书,也写书,和我热爱的一切在一起,创造着自己想要的生活。

当然,随之而来的也有工资的断崖式降级,但我原本就是一个没有太多物欲的人。我更恐惧的,是一生汲汲营营机关算尽,却与美好人生背道而驰。

我在第一本书《所谓优秀,不过是和自己死磕》里写过:"所谓归宿,不是叶落归根,也不是归属于某个人,而是看过外面的世界后,心甘情愿臣服于一种生活。"

喜欢"臣服"这个词,带点心甘情愿的意味。

长沙这座城市教会我的,是让心臣服于当下,臣服于生活,臣服于一蔬一菜、一念一行,不以物喜,不以己悲。

与深圳相比,长沙多了一份沉稳厚重,更适合酝酿与积淀。

我的生活终于有了柔柔暖暖的烟火气,较往日更为丰富和充实。

有条不紊的背后，却是得益于在深圳时养成的时间规划和高效自律的习惯。

不疾不徐，随遇而安，心怀热爱，坚守自己的节奏，永远不放弃成长，这就是我回到长沙之后的状态。

远离毫无喘息之机的节奏，在新鲜的天地里看清曾经的得失，看清真实的自己，对这一切，我很满足，并时常感恩。

04

回到长沙一年后，我的一位江西朋友小林也从深圳辞职回到了南昌，在一家上市公司做程序员。

他去年结了婚，有了一个可爱的女儿。

我问他："对现在的生活满意吗？后悔当初离开深圳吗？"

他说："能打九十分吧，幸福程度挺高的，不后悔。如果还留在深圳，生活质量可能不到六十分，不说别的，身体早就垮了。"

当然，身边也有从北京回到长沙生活了一段时间后，又逃回北京的朋友。

她说："这里安放不了我依然蠢蠢欲动的灵魂。"

对于北上广深，无论是逃离还是坚守，重点从来都是：你想要什么？你想成为什么样的人？

更高的人生追求，需要更尊重自我的选择来成就。抛开主流价值观、成全自己的人，在哪里都能过得滋润。

别被那些光鲜的标签干扰，有时候我们需要远离人群的喧哗与躁动，才能保持独立思考。

世间道路千万条，没有哪条路是唯一正确的。应该选择的，是最适合自己、自己也能接受的那条路。

大胆地去做选择吧！未来的路上，沿途的花会一直盛开。

为什么一些好朋友突然就消失了?

> 不是时光无情,
> 也不是友情脆弱,
> 而是我们终究要回到各自的人生轨道上和生活环境里。
> 有人向左走,
> 就必然有人向右走。
> 很多时候,
> 友谊只可共青春,
> 而不足以共成长。

01

曾在网上看到过一个颇让人伤感的话题:当你很重视的好朋友压根不把你当一回事,该怎么办?为什么好朋友走着走着就散了?

有一个回答戳中了我:

我认为是,渐老的岁月和渐远的三观。你会发现情义这个东西,远没有我们想象中的那么坚定,有时固若金汤,有时也一触即溃。

如果这个朋友比你优秀,在向下兼容,你应该做的不是纠结为什么别人不把你当回事,而是努力让自己变得更优秀更有价值。当然如果这个人完全没有任何能让你感觉优秀的地方,那你就更不需要去担心这个问题了。

就像有句话所说:"你敲别人的门,如果别人不开,一直敲是不礼貌的。"

我曾经也遇到过这个困惑:曾经那么要好的朋友在我满怀期待地想联系时却早已消失在了我的生命里。很长一段时间,我都无法释怀。

02

Y 是我高中时代的一位好友,我们是同班同学,同住一个寝室。

那时我内敛又胆小,不擅长和别人打交道,对于主动接纳我的人,我会捧出自己的一颗真心。

在我眼里,她很漂亮,性格也很好,于是我们逐渐熟络,如同故人相见。

很多个夜晚,我们隔床交谈,直到困意袭来沉沉睡去,梦里也都是我们的名字。

高三课业紧张,复习时间严重不足,于是我邀请她和同寝室的另外两位女孩在学校旁边的小姨家楼上租了一间房同住。下了晚自习后,我们四个人还能在这个小房子里再学习一阵儿。

那段高考前的冲刺时光里,凌晨两点的灯光下,四个女孩抱团朝着自己的梦想努力奔跑的样子,至今仍在我记忆中的青春流年里闪闪发光。

后来，我没考好，选择了复读；她则去了贵州的一个城市念大专；其余两个女孩，一个进了师范，一个读了医科。

我们就这样各奔东西。

再见面是在她的婚礼上。那是大三寒假，我从学校回到了老家，带了礼物，和另一个女孩一起去参加了她的婚礼。那一刻，我希望她永远幸福。

再后来，我大学毕业，奔赴深圳，又辗转回到长沙。这十来年里我们有过几次联系，电话问候或微信联系。她仍住在老家县城，已是三个男孩的妈妈，为生活疲于奔命，过得辛苦，我也结了婚，做着自己的人生功课。

03

少年时代建立起来的友谊总是有一层滤镜，因为太过纯粹，所以足够珍贵。

我将她视为生命中很重要的朋友，每当她需要帮助，我都会尽力帮忙。

又过了几年，我的新书上市。我相信这本书能给同龄的她一些温暖和力量，也希望新书获得她的支持，又刚好有优惠，一本书只需二十块钱。

我和她联系，刚开始寒暄了几句，她说："很羡慕你现在的生活状态。"

当说到要不要支持一下我的新书时,她同意了,我便指导她下单。许久之后,她丢下一句"好麻烦",便没有再回复。

我想可能是消息太多她没看到我的话,也因为确实有点麻烦她,第二日,我连发了两个红包表达歉意。但红包被退回,也未再收到她任何回复。

她就这样消失在了我的生命里,我也默契地不再去叨扰她。

说不难过是假的,就好像失去了一件很重要的东西。我甚至后悔去找她买书,如若不然,或许我们还是朋友。

好的情谊也需要特定的环境和土壤才能一直枝繁叶茂,一旦离开了这环境和土壤,这段关系就会自动终结。

曾经的好朋友,聊不来了,感情淡了,成长步调和价值观都不一致了。曾经两小无猜、无话不谈,如今中间却横着一条河。这条河太宽,里面浸着逝去的光阴,盛满了人生的酸甜苦辣,再也无法逾越。

渐行渐远、分道扬镳并不需要一场令人尴尬的轰轰烈烈的诀别,默默淡出彼此的生命,或许能为大家保留最后的体面。

04

同样渐行渐远的还有 Z。

我们曾经一起上下学,一起躲在被窝里看《还珠格格》,一起读书、抄歌词、跳皮筋,一起对付欺负我们的男孩子。

那时候，她像一个女英雄挡在我前面，叉着腰，指着那群挑衅的男孩大骂。打不过，我们就跑。我腿脚利索，拉着她跑得飞快，跑累了，就瘫在草地上，望着蓝天，笑得恣意。

初中时，我搬了家，转了学，我们开始了漫长的通信。那时候我最开心的，便是收到她的信，一眼便能认出她的笔迹。

我总是在深夜一字一句地给她回信，每次都能写满七八页。而她一封一封，也写得极认真。后来我又辗转几次搬家，终是失了与她的联系。

和她的最后一面，是在高考考场。我们在各自学校的送考队伍里，宿命般地迎面相遇。

即便六年未见（初中三年、高中三年），我依然一眼就认出了她。我隔着人群挥着手，疯狂地喊着她的名字。

她也看见了我，同样激动。擦肩而过的片刻，我们紧紧拉着手对视着，却说不出半句话，但我分明看到了她眼里涌出的泪水。

我们只是这样匆匆见了一面，没来得及说一句话，也没来得及留下彼此的联系方式。

但那张挂着泪的欣喜的笑脸，和那个依依不舍的转身，定格在了我的青春记忆里。

那句没有说出口的想念，成为我余生里最大的意难平。

我心里一直记挂着她，一直在寻她。

后来，我终于在一个网络平台找到了她的联系方式，可她言辞间却徒留陌生和疏离，甚至后来她结婚生子都不曾告知我。

现在我们在同一个城市，我曾微信邀约了几次见面，却都被她以各种理由婉拒了。我便不再打扰她，我们不再联系，她成为我微信好友列表中最熟悉的陌生人。

当初那么要好的两个人，突然就成了陌路人。没有任何矛盾，没有利益纠葛，没有背叛，没有交恶，只是本来同行的一条路突然分了岔，两人悄无声息各走各的，再不相遇。

曾经单曲循环过很久陈奕迅的《最佳损友》，最戳心的是那句"来年陌生的，是昨日最亲的某某"。

世界真是够大的，大到有些人一挥手、一转身，就是永别。

成年人交往的真相是，每个人都有既定的轨道，只能伴你一程。有人来，就有人走，散伙是人生常态，我们都不会例外。成年人的世界里，遍地是离别，倒也不稀罕，无法进行下去的情谊，不打扰便是最大的慈悲。

若时过境迁却仍要求感情一如从前，委实是一种妄念了。

05

我这内敛慢热的性子，交到真心朋友实属不易，所以每一个走进我内心的人我都非常珍惜。也因此，我时常恐惧会失去他们，时常为朋友的渐行渐远难过许久。

多年以后，我终于接受了"朋友"这个词是有保质期的，没有谁能一直陪着谁。

倒不是对方故意与我疏远，这个过程中也没有人"突然消失"，

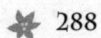

只是我们脱离了既定的环境和轨道各奔东西，而心随境转，后来的生活中，对方有了很多比我更重要的人要交往，有了比和我联系更重要的事情要忙。

就像导演贾樟柯通过电影《山河故人》想表达的："每个人只能陪你走一段路，迟早是要分开的。"

不是时光无情，也不是友情脆弱，而是我们终究要回到各自的人生轨道上和生活境遇里。有人向左走，就必然有人向右走。

每一个真心伴你走上一程的人，都是你人生中一处清喜的水泽，泛着柔光，带着爱，成全过你的星河滚烫、人间理想。

如此，已是圆满。

很多时候，友谊只可共青春，而不足以共成长。

成年人该有的觉知，是走近的人不抗拒，离开的人不强留，在同行之时，尽力地珍惜，分离之时，默默地告别。

松弛感，
就是慢下来"虚度"光阴

> 虚度光阴，
> 其实是体验一种与自己和解后的积极的松弛感。
> 我们需要这样一段"虚度"生命的时光，
> 来潜入自己的内心，
> 和自己的灵魂待在一起。

01

不知道你有没有这样的时刻：长期处于忙碌的学习或工作状态，一旦闲下来就会莫名地焦虑不安，难得的休闲时刻也会被莫名的罪恶感侵扰，觉得不做点有用的事，便是在浪费这大好时光。

我从小就在"要做有用的事，不能虚度光阴"的教导声中长大。

小时候，我学着养蚕，每天不知疲倦地跑去给蚕宝宝摘新鲜的桑叶，却总能受到家长的呵斥："养这玩意儿有什么用？作业写完了吗？"

中学时代，我喜欢看《故事会》《意林》《时文选粹》这样的杂志，一不留神就会被班主任没收，还会被斥责一句："净看这些没用的，有这个时间还不如多做几道题。"

想学吹笛子，也被无情地拒绝："学这个有什么用？它能让你考试多得几分吗？"

诸如此类。

渐渐地，我养成了"所有时间都要拿来做有用的事情"的习惯，活得用力又紧绷。

02

某个周末，被一位友人硬拉着去参加一场线下冥想体验课，我的第一反应仍是：这有什么用？

到达瑜伽馆，老师已经端坐在台上，只有第一排靠边还有两个位置，我们轻手轻脚地坐上去。

冥想开始，大家都闭上眼睛，随着老师沉静温柔的引导语和轻柔的音乐，进入一种静谧安宁的状态。

我虽闭着眼睛，思绪却一秒都停不下来，想着那篇写到一半的稿子，想着下周一要交的报表……身上也万般不适，这里挠挠，那里抓抓，未有片刻静止。

我偷偷半眯起眼看看周围，大家都安静地坐定，深长而缓慢地呼吸着，再看看台上的老师，正对上她忽然睁开眼看过来的眼神，心里咯噔一下。老师微笑着朝我点了点头，随即又闭上眼睛。

我也再次闭上眼、沉下心，将注意力集中在自己的呼吸上。这一次，内心终于安宁了片刻。

四十分钟的冥想过后是分享环节。见没有人举手,老师便转头问我:"这位同学,你有什么困惑或者感受想要分享吗?"

我有些不知所措,胡乱答道:"这是我第一次参加冥想。起初我静不下来,想着冥想有什么用呢,觉得自己在虚度光阴,自责又浪费了一下午时间,后来才逐渐平静下来,现在感觉自己的状态松弛了一点。"

后排的姐妹接着分享:"我也是。平常太忙了,人很容易浮躁,卷不动又躺不平,来这里放空一下,才感觉自己又重新活过来了。"

老师听了大家的分享,微笑着总结道:"冥想不能让我们增加财富和名利,也不能让我们立刻看到某种好的结果,从这一点来说,它是无用的。但人生不应该是各种结果的呈现,而应该是各类体验的叠加,那些看似无用的事情,恰恰最能充实我们的生命。所以不用担心自己在虚度光阴,你能从中获得安宁和乐趣,这本身就是意义。人生难得清闲,越是清闲,离自己的灵魂就越近。"

醍醐灌顶。

我们衡量一件事情有没有用,更多的是取决于它当下有没有用,追求快速变现或名利。比如上课、读书,希望满是干货;上大学挑好就业或者好考研的专业就读;孩子上兴趣班最好有机会考艺术特长生……

但如果你曾经尝试过做一名长期主义者,你就会知道人生中没有那么多立竿见影的事,很多东西都是潜移默化、日积月累才形成的。

一位生活美学家的话让我印象深刻:"社会日益浮躁,功利主义渗透到每个角落。很多人过得不好,并不是因为没钱,而是因为他们缺了些精气神,没有恰当的审美,没有生活情趣。越来越追求实用化和功利化的背后,是生命越来越平庸,越来越枯萎。"

我意识到自己陷入了短视和功利主义。

03

人到中年,开始慢慢被房子、车子、孩子裹挟,精疲力竭,却又不敢停下来。连忙完之后短暂地放松休息,都觉得是在虚度光阴。

我的一位前同事蓉蓉姐,有二十多年都在为了事业奋斗。如今,她的业绩常年冲在公司前几名,屡次升职加薪,她在深圳有一所大房子,有一个刚上初中的儿子。

但二十年高强度的工作,让她的身体越来越差,内分泌失调,情绪暴躁,各种疾病找上她;频繁的出差、加班让她缺席了儿子的成长,亲子关系变得异常紧张。

她开始质疑,这一切到底有什么意义?

事业已经达到一个小高峰,可回过头看,似乎并没有过上自己想要的生活。但离开公司彻底躺平,她又不甘心。

纠结了许久,最终还是一场手术下达了最后通牒。她决定停下来,去过另一种截然不同的生活。

在不工作的两年里,多年不下厨的她开始研究给儿子做不重样的餐食,也会在寒暑假和儿子共赴一场旅程;她开始读书、写字和锻炼;她在客厅置办了一个鱼缸,养了一群鱼,还在阳台上种满了各种花草；有时她会躺在阳台的摇椅上，无所事事地感受午后的阳光，有时她会去海边等一场日落，有时陪年迈的父母散散步……

那些以前她嗤之以鼻的、被她视作浪费时间的事情，现在却成为她的日常。

她不止一次跟我感叹："我承认我在虚度光阴，但这才是生活呀。以前觉得一天不工作天都要塌了，现在躺平了，发现天并没有塌下来，生活还不是照样过。更重要的是，我把自己找回来了。"

看着她朋友圈元气满满又热气腾腾的图文，我由衷地感受到喜悦和松弛，这才是生活原本的样子吧。

想起作家叶兆言说的话："生活的馈赠，往往来自无关功利的付出。很多事情固然没用，但在力不从心的现实面前，这些无用的事情却扛起人生的力量。令人快乐、让心灵得到解脱的事，很多时候都是无用的。"

不是每分每秒都要被所谓的"有用"填满，要允许自己虚度光阴。况且，浪费时间不也是生命体验的一部分吗？

我们需要这样一段"虚度"生命的时光，来潜入自己的内心，和自己的灵魂待在一起。

躺平，并不是荒废，而是对紧绷日子的对抗和调和；虚度，也不是摆烂，而是做些无用的小事，取悦自己。

你不是在虚度光阴，你只是在沉淀岁月。

04

　　我也渐渐地不再执着于"有用",开始摒弃功利心,做一些无用的小事,"虚度"一些时光。

　　比如,在街头小巷漫无目的地感受烟火气,在旅行中沉浸式地享受沿途风景,在铺满阳光的桌前心安理得地吃着零食看一部无厘头综艺,在多年繁忙的工作小有积蓄后选择躺平一段时日过自己喜欢的生活……

　　我也不再期待做一件事一定看到结果。

　　这些年里见缝插针学习的花艺、冥想疗愈、心理学,以及那些一杯茶、一本书消磨一下午的闲散时光,带不来财富,换不来名利,好像都没有什么用,但它们曾经救我于每日两点一线、柴米油盐的琐碎,在一眼看得见尽头的绝望之中,给过我巨大的内心力量和精神支撑。

　　人生是一场马拉松,我们需要实用主义、一技之长保衣食无忧,也需要那些看似无用的体验为未来储蓄能量,这些"无用的经历"决定了我们人生的质感与厚度,让我们走得更远、越跑越轻松。

　　想起作家刘亮程,他住在新疆黄沙梁,每天在太阳底下看蚂蚁越过一截树枝,或者观察两头羊在山坡上打架,就这样日复一日。

　　在这些"虚度"的时光里,他写出了一本田园诗集《晒晒黄沙梁的太阳》。

　　原来,无用和有用之间,只隔着诗意的生活。

　　人生中总有一些时间是用来虚度的,做一些看似无用的事,在自己的可控范围内，缓一缓奔跑的节奏，换一种方式生活，哪怕只能享受片刻的欢愉。

"虚度"光阴，其实是体验一种与自己和解后的积极的松弛感。

看过一段这样的话："把注意力放在体验感而非结果上，人真的会慢慢松弛下来。不要觉得没到终点就一无所获，这一路上你遇到的人、吹过的风、看过的日落、喝过的酒，都会变成你区别于旁人的独一无二的收藏。"

人生不是每时每刻都要创造价值，哪怕不创造价值，你也值得被爱，要允许自己慢下来。我们不是为了某个伟大的目的来到这世上，而是要用人间烟火温暖和治愈这短暂的一生，所以不必因为享受了一天的阳光而自责。如果连安静地享受一天阳光都觉得罪恶，那人生还有什么意思呢？

喜欢电影《心灵奇旅》中的一句话："未必有所成才算活着，只喜欢看天空、走路、吃比萨的人生也很好。"

读到这里，你打算做哪些"无用的事"来"虚度"时光呢？

这条长长的路，
我们慢慢走

> 我们从不拿对方与他人比较，
> 也未曾羡慕过别人的生活。
> 迄今为止，我们依然有足够的包容和诚意，
> 用心经营，互相扶持，彼此成就。

01

刚过完五周年结婚纪念日，加上前面相恋的九年，我们已经在一起十四年了。

从穿校服到穿婚纱的这许多年里，我们一直流连于二人世界，经历诸多磨合、争吵、分离、重建，却一直未曾走散，并且感情日笃。

想来，也是不易。

遇到他之前，我的性格大约是孤僻、安静、敏感、倔强、谨小慎微、凡事认真，有自己的想法且能坚定目标、恒久努力，习惯独

来独往，身上常有一种拒人于千里之外的冷清。

而命运让我遇到的这个人，拥有大部分我欣赏的性情和品质，比如乐观、开朗、善良、热情、正直、包容、勤勉、有责任心、热爱学习，性格里不见贪嗔痴怨。

这个人又恰好中意我，并且义无反顾，从未想过放弃。否则，就凭我这般清冷被动的性子，绝无可能主动靠近他。

我是个悲观主义者，对爱情、婚姻也抱持着一种悲观的态度，毕竟世事无常，人心易变。即便是现在，也不曾奢望"执子之手，与子偕老"的浪漫终老，只踏踏实实地和他走好当下的每一步。

而他则相对乐观许多，凡事总往好的方面想，总能将我从负面情绪中拉出来。

与我的慢性子不同，他性格中有急躁冲动的部分，惯爱讲道理，喜欢一争高下。所以相处之初，我们总有争吵。而我天生嘴笨不会说话，每次争吵总是落于下风。

尔后数年的磨合中，我耐着性子避开他急躁冲动时的言语，不与他针锋相对，待双方冷静后再探讨问题的解决，每次也会不厌其烦地阐明自己的感受，让他注意沟通时的语气。

这样一来二去，他学会了自省，急躁慢慢褪去，性子变得平和沉稳了些，我们也鲜少再有争吵。

我是个极度社恐的人，不善言辞，怕见陌生人，讨厌集体活动；而他是个社牛，在各种社交关系中如鱼得水。

与他在一起后，我性格中孤僻的部分逐渐松动，开始主动链接我欣赏和喜欢的人，可以与人进行深度交谈，变得更勇敢了。

我们是性格迥异的两个人，却一不小心走到了现在，两个人也都自觉在关系里获得了不同程度的滋养和成长。

02

我习惯独处，除上班外，也常有自己的事情要做。

每当这个时候，我们便各忙各的事，他自学编程，我练习写作，互不干扰，因此家里常常很安静。

我们也会一起出门散步。一旦外出，我们必然会牵着手，并肩同行之际，聊一些家常话。

不知道为什么，常常三缄其口的我，在他面前总能瞬间变成话痨，没完没了说个不停。

我们都是没有太多物欲的人，不愿牺牲健康去拼命换取那些光鲜亮丽但并非必需的身外之物，但也从未停下努力的脚步。

他的公司离家最远时有五六十千米，他每天都要辗转去指定地点坐班车上下班，加班是常态，有时候加班晚了便留宿在公司；后来他的公司搬迁至市内，每日他仍要坐单程一个多小时的地铁上下班。

我说，你开车吧。他说路上太堵，还不如地铁方便呢，还环保。其实我知道，他只是为了节省油费和停车费。

我坐过几次早高峰的地铁，人太多，被挤到变形，苦不堪言。而他就在那样的拥挤中，日复一日地来来回回。月初经常加班，没有休息日，每次回到家都将近晚上十一点。

饶是这般辛苦，我也从未听他抱怨过半句。

他身上似乎有一种能力，面对当下境况，不抱怨，也不评判好坏，只是承受和转换。

有时候看他拖着疲惫的身体回到家，有些心疼："以后，我来养你吧，这泼天的富贵总会轮到你。"

他回答得一本正经："好的，那我就等着当'家庭煮夫'的那一天啦。我还想让你给我买辆新车。"

嘿，倒挺会得寸进尺。

03

他几乎从不内耗。

遇到矛盾和问题，他首先想到的是如何解决，很少发泄情绪。我和婆家的关系融洽，少不了他从中斡旋。

某一次，他摔了一跤，右臂骨裂了，受伤的手臂在脖子上吊了数月都未曾恢复。

问他怎么摔的。说是一同事的女儿眼看着要从一个坡上摔下去，他下意识上前去护，小女孩没受伤，他倒摔下去了。他说："我当时就想着不能让她受伤，不然她得多疼。"

他摔伤后没请假休养，也不知道他吊着右臂是怎么工作的。

多年前，我们还在深圳工作，还未成婚，身在广州的我弟因肾结石手术需要在医院卧床一周。那时正值事务所不忙的时节，他便休了一周假前去照顾,并在电话里安慰急到大哭的我妈。

后来我弟买房,他毫不犹豫借出了当时身上仅有的钱给他凑足首付。

某一年夏天,我父亲摔伤了腿,家里的活儿干不了了,老人家只得干着急。

他知道后,便遣了自己上大学正在放暑假的堂弟奔赴我老家,美其名曰社会实践,实则给堂弟开了日薪,让其帮我父亲打工。

最终小伙子挣得了零花钱,父亲也顺利渡过了难关。

又过了一段时日,他说:"老人家总要背重物上下楼,多辛苦,而且会导致腰腿问题。"于是他挑选了一套滑轮装置,让我父亲干活时能轻松地将重物吊上去,省力的同时,也解了腰腿的负荷。

每次回农村老家,在路上只要遇见腿脚不便的老爷爷、老奶奶,他都会停下车,载他们一程。

诸如此类。

我常想,如他这般急他人之所急、苦他人之所苦的性格底色背后的良善,大抵来自他幼年当留守儿童时得了周围人太多的恩惠和照拂,于是长大后,力所能及地给出善、给出爱。

父亲摔伤腿的那一次,情况非常凶险,可以说与死神擦肩而过。

当时父亲骑着三轮车走在凹凸不平的泥土路上,后面还坐着一位邻居,带着几筐活鸡。在上一个陡坡时,他油门踩猛了,方向一偏,连人带车从坡上直直地翻进路边一个石坑里。

不幸中的万幸是,他只是腿部蹭掉了一大块皮肉,未伤筋动骨,车上的邻居和鸡也毫发未伤。

那么高的陡坡,那么深的石坑,大家都说父亲福大命大,一定是平日里积德行善的结果。

感谢命运,让我生在一个积善之家,父母都是良善踏实的人,常予人方便,从不占别人一丝便宜,不投机,不交恶。

年少时读《了凡四训》,读到"积善之家,必有余庆",便决定也要寻一良善之人,让自己的孩子生于一个积善之家。

遇上他,愿望得以实现。

04

他跟我家一众亲戚长辈都能和谐相处,和同龄、低龄的众兄弟姐妹也能打成一片。

这同样的事情于我,则是千难万难。

所幸,他对我并无旁的要求。

我有时会问他:"会不会觉得我太冷漠了?我需不需要变得热情一些?"

他说:"不需要,你该怎样就怎样,喜欢做什么就去做,不用改变。一切有我呢。"

于是,我便放心去做自己。

我写作总会忘了时间,忘了周围的一切。每次只要他在家,便

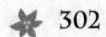

时不时有水果、坚果、茶水送进来。

下班后他和同事去吃好吃的，也总不忘给我带一份。

他的公司组织旅行，他总想带上我一起。

当然，日常相处中，冲突和不尽如人意的地方也会有。

但我们从不拿对方与他人比较，也未曾羡慕过别人的生活。迄今为止，我们依然有足够的包容和诚意，来用心经营，互相扶持，彼此成就。

于我们而言，生活不需要比别人好，只需要比从前好。人生最幸福的事，不是活得像别人，而是努力之后，活得更像自己。

我们都对生活没有太多执念，更多的是臣服于每一个当下，珍惜每一处微小的幸福。

杨绛在《我们仨》里写道："我们这个家，很朴素；我们三个人，很单纯。我们与世无争，与人无争，只求相聚在一起，相守在一起，各自做力所能及的事。"

这是我们非常欣赏的一种家庭关系，各有空间，又紧密相连。

两个人在一起的意义，就是彼此鼓励和支持，互相滋养和成长，一起并肩对抗生活的不怀好意，同抵风雨，共享悲欢。

生命的修行从来不易，但这条长长的路，我们愿意慢慢携手并行。

图书在版编目（CIP）数据

星河滚烫，你是人间理想 / 然雪婵著. -- 北京：
新世界出版社, 2025.1. -- ISBN 978-7-5104-7090-5
Ⅰ.B84-49
中国国家版本馆CIP数据核字第2024RA8099号

星河滚烫，你是人间理想

作　　者：	然雪婵
责任编辑：	董晶晶
责任校对：	宣　慧　张杰楠
装帧设计：	贺玉婷
责任印制：	王宝根
出　　版：	新世界出版社
网　　址：	http://www.nwp.com.cn
社　　址：	北京西城区百万庄大街24号（100037）
发 行 部：	(010)6899 5968（电话） (010)6899 0635（电话）
总 编 室：	(010)6899 5424（电话） (010)6832 6679（传真）
版 权 部：	+8610 6899 6306（电话） nwpcd@sina.com（电邮）
印　　刷：	天津中印联印务有限公司
经　　销：	新华书店
开　　本：	787mm×1092mm 1/32　尺寸：145mm×210mm
字　　数：	231千字　　　　　　　　印张：10
版　　次：	2025年1月第1版　2025年1月第1次印刷
书　　号：	ISBN 978-7-5104-7090-5
定　　价：	49.00元

版权所有，侵权必究
凡购本社图书，如有缺页、倒页、脱页等印装错误，可随时退换。
客服电话：(010)6899 8638